U0166137

[百科情报局]

超有料知识
已上线

《意林》图书部　编

陕西新华出版传媒集团
未 来 出 版 社

图书在版编目（CIP）数据

超有料知识已上线 /《意林》图书部编. –– 西安：
未来出版社, 2020.4
　　（百科情报局）
　　ISBN 978-7-5417-6863-7

　　Ⅰ.①超… Ⅱ.①意… Ⅲ.①生活 – 知识 – 青少年读
物 Ⅳ.①TS976.3-49

中国版本图书馆CIP数据核字(2020)第008664号

超有料知识已上线
CHAOYOULIAO ZHISHI YISHANGXIAN 　　《意林》图书部 / 编

编　　者：《意林》图书部		社　　长：李桂珍	
监　　制：陆三强　杜普洲		丛书策划：王小莉　徐　晶	
丛书统筹：王小莉　肖桂香		责任编辑：杨雅晖	
特约策划：肖桂香		封面设计：资　源	
美术编辑：郭　宁		技术监制：宋宏伟　刘　争	
封面供图：HEYMIX米克斯		宣传营销：陈　欣　贾文泓	
发行总监：樊　川　王俊杰		地址邮编：西安市丰庆路91号（710082）	
出版发行：未来出版社		印　　刷：天津中印联印务有限公司	
电　　话：029-84288355		开　　本：700 mm × 1000 mm　1/16	
经　　销：全国各地新华书店		总 字 数：218千字	
印　　张：15		印　　次：2020年4月第1次印刷	
版　　次：2020年4月第1版		定　　价：39.00元	
书　　号：ISBN 978-7-5417-6863-7			

目录

Part 1 怪好玩

治愈你的科学恐惧症

嗨！
好奇心

星空，藏着那么多秘密

Part 4 读心术

大家的心思，我们帮你猜

Part 5 奥秘社

听说你想要懂更多

Part
1

怪好玩

治愈你的科学恐惧症

失忆了，为什么还记得怎么说话

忘记过去与"未来"

　　许多言情电影里会出现类似的桥段：女主人公遭遇车祸，头部受到撞击失忆了，后来同一受伤部位再次遭受撞击，于是女主人公神奇地恢复了记忆。这或许是导演们出于剧情需要而拍摄的情节，想让电影有一个圆满的结局，但实际上它们并不科学。

　　有部电影却例外，它呈现出现实中一个失忆患者应有的样子。在这部名为《初恋五十次》的电影中，女主人公同样被失忆困扰，当第二天来临时，她便全然忘记了前一天发生的事情。男主人公对她的爱不断加深，而这份感情于她而言每天都是新的开始。两人若想长久地在一起，男主人公必须在余下的岁月里，不厌其烦地重复上演着表白和追求女主的戏码。

　　以发生事故的时间为节点，失忆患者可以记得以前的事情，却无法形成新的记忆，这种被称为"顺行性遗忘"。就像电影《初恋五十次》中体现的，女主人公的新记忆一天后就会被遗忘。另一典型的失忆症被称为"逆行性遗忘"，它与顺行性遗忘恰好相对。在事故发生后，患者可以正常形成新记忆，但会对过往的经历出现不同程度的遗忘。这就和我们开头提到的言情电影的情节颇为相似。

童话中金鱼的记忆只有7秒，现实中也有一位"7秒记忆"的特殊患者，他就是英国著名的音乐家克莱夫·韦尔林。脑炎严重损坏了克莱夫的大脑，让他患上了逆行性和顺行性两种失忆症。他因此几乎失去了全部记忆，并且无法形成新的记忆。好在他的音乐才华并没有因此受到影响，依然记得他曾经充满激情的创作。

失忆的人还会说话

然而，无论是在电影还是现实中，哪怕失忆患者忘记了很多东西，却没有忘记怎么说话，这是为什么？

神经科学家将记忆分为两类，程序性记忆和陈述性记忆。前者包括认知和运动技能，如骑车、系鞋带、打球等，在多次重复练习后可以将其变成惯性记忆。后者对事情发生的情景以及它们之间相互联系的记忆可以用语言来描述，它还可以被细分为情境性记忆和语义性记忆。我们通过一个简单的例子详细了解一下，你在小学一年级的数学课上，学习了"1+1=2"；你的同桌因为抵挡不住困意，在那个凉爽阴雨天的课上睡着了。此时，情景记忆帮助你记住了上课的时间、地点以及同桌睡觉的事，这些记忆会随着你回忆的次数增多而加深。而语义记忆能帮你记住简单的"1+1=2"这个事实，且无须环境或其他东西的辅助来唤醒记忆。

情景记忆受损但语义记忆完好，词汇和句子就脱去了"情感"的外衣，成为冰冷的存在。"微风"不会再让你想起那个微风习习的午后同朋友们聊天的畅快，"跑步"也不会帮你记起那日校运会上小伙伴们长跑竞赛的坚持，它们只是语义记忆中两个再简单不过的词汇。语义记忆会长期储存我们学到的一些概念性知识，若是语义记忆也受损，失忆症患者就有可能出现这样的情况：会骑自行车，却不知道自行车是何物；会系鞋带，却不知鞋子是何物……他们的大脑里还保留着以前学到的技能，却无法说出那些东西的名称。但实际上，失忆症只是情景记忆受到影响引起的，并不涉及语义记忆和程序性记忆。一个失忆症患者可能忘记自己对苹果有多喜爱，却不会忘记苹果是什么，也不会忘记怎么吃苹果。

失语而非失忆

当然，如果一个人的语义记忆受损，他就真的无法说话了。不会说话、语言技能的丢失其实是"失语症"的症状，而非失忆症。失语症是指大脑左半球中主管语言的"布洛卡区域"受损，患者的语义记忆也会受到影响，由此影响他们的表达和理解能力，表现出不同程度的失语情况。例如听说能力正常，但看不懂文字，阅读和写作技能缺失，不能说话等。听得懂但说不出的症状，被称为"运动性失语症"。语言理解能力有缺陷的，被称为"韦尼克失语症"。此外，还有传导性失语症、混合型失语症等。

失语症患者的语义记忆会受到影响，失忆症则不会。语言和记忆被分管于大脑不同的区域，它们完全是两码事。所以失忆的人还会说话，这是再正常不过的事情了。（文/沈单）

戴耳机要遵守"黄金规则"

嗨！好奇心

为了避开外部噪声，很多人喜欢戴上耳机，图个清静。而在室外或公交车等嘈杂环境中，戴耳机听音乐会不知不觉中调高音量。研究发现，如果经常这样做，容易导致耳聋。原因是，音量每增加3～6分贝，毛细胞压力就会翻倍，耳塞与耳鼓越近，声音对内耳产生的压力越大，越容易损伤听力。

专家建议，为了保护听力，戴耳机听音乐必须遵守一条"黄金规则"：音量不超过最大的60%，每天不超过1小时。另外，使用降噪耳机可减少外部噪声，降低耳朵接收声音的音量，更能保护听力。（文/申鸣）

"刷脸"为啥要脱帽

随着人脸识别技术的普及，大家在日常生活中经常遇到安检"刷脸"、手机支付"刷脸"、上班打卡"刷脸"等场景。这项技术大大提高了生活的便利性，而且帮助很多行业降本增效，但你知道它是怎么把人脸"刷"出来的吗？当眼镜、口罩、衣帽、头盔、首饰等遮挡人脸时，机器还能识别吗？

要在指定的环境中找出人脸，机器需要经历3个步骤：人脸检测、人脸分析、人脸识别。

以机场安检为例，前端设备负责人脸捕捉（即安检时的小摄像头）。当一张人脸照片输入机器后，需要先找到人脸在图片中的位置，我们将这一步骤称为人脸检测。人的面孔上有一些关键点，如眼睛中心、嘴角等，不同的捕捉系统所提取的关键点数量相差很大，有的只提取左右眼睛中心两个点，有的则多达近百个。利用这些关键点，机器可以对人脸进行几何校正，即通过缩放、旋转、拉伸等图像变化，将人脸调整到一个比较标准的大小，这样待识别的人脸区域会更加规整，便于后续进行匹配。

接下来是人脸分析。机器可以在人脸区域中辨别出眼睛、鼻子、嘴等五官位置，分析不同区域的轮廓，提取各种特征，然后连接成一个很长的特征向量。大家可以把特征向量想成一串数字，如A脸的数字是234.32，B脸的数字是235.32，等等。另一边，机场地勤人员会提取旅客身份证照片上的特征向量，同样获得一串数字。将这两串数字进行匹配，根据相似程度，系统会判定两张图片是不是同一个人，这便是最后一步的人脸识别了。

现在回到我们开头所说的问题——如果你戴着眼镜、口罩等遮挡物，机器还能认出你是谁吗？

在前面介绍的人脸识别三部曲中，有一个步骤叫关键点抓取，即通过面部的许多采样点进行整体取样，因此眼镜、首饰对它的影响并不大，但口罩、衣帽、头盔这些大面积遮挡物会提升机器的误识率。因此，如果曾轶可过安检时不摘掉帽子，肯定会影响机器的判断。正如我们在生活中会认错人一样，人类会犯的错误，人工智能也会犯。

每一项新技术问世时，总会带有一定的局限性。比如我们手机上的指纹识别功能，如果有人真想造假欺骗它，成本也不是特别高，但绝大部分人还是看重新技术的便捷、高效，愿意在日常生活中使用它。这也为新技术不断改进完善提供了可能性。

所有的技术都是根据人类需求持续优化发展的。未来会有越来越多的人脸识别产品替代简单重复的劳动，如门卫、保安等职业，甚至门诊医生，因为机器看扫描片会比人工更准确，而且可以24小时不休息。到那时，很多传统的产业模式、商业模式都会被颠覆，而这样的未来也许就在几年之内。（文 / 伞璐）

为恐龙取个好听的名字

"恐龙"一词由理查德·欧文创造，意指"可怕的蜥蜴"。欧文之后，世界各地挖掘恐龙化石的热潮一浪高过一浪。

同其他物种一样，新恐龙的发现者有权为它命名。如何为刚刚出土的恐龙取一个靓名呢？要知道，一个好听的名字不但会让人瞬间记住这只恐龙，还会引发人们的好奇心和探索欲。

根据国际规定，动物名字采用双名法，由属名加种名构成。属名有严格要求，以名词表示。种名则灵活多样，可以是形容词，也可以是名词。尽管每一个恐龙化石都有一个符合国际规范的名字，但当人们提到这个恐龙时，往往以种名来称呼它，属名常常被忽略。

尽管发现者有权为恐龙取名，但也不能任性到为任何恐龙取名。取名之前，发掘者首先要查阅文献，严格筛选并仔细比对，以保证自己发掘的恐龙骨骼或蛋化石从未被他人命名。另外，首次命名前，恐龙的基本情况须在刊物上公开发表。也就是说，为了防止重名、错名，要取名的恐龙化石必须经学术界一致认可。由此可见，每一个好听的恐龙名字都来之不易，其中蕴含着发掘者的心血。

掌握以上规则，为恐龙取名就很容易了。大多数恐龙名字来源于自身外貌特征或特殊习性，如鳄龙，它是生活在水中的鳄类恐龙。三角龙，光听名字就能想象出它的模样，头上顶着三只角，中间那只角怎么看都觉得在搞怪。甲龙的皮肤异常坚硬，像古代将军身上的铠甲，似乎在告诫对方："千万不要随随便便触碰我的皮肤哟，后果你懂的！"发现寐龙化石时，它保持酣睡姿态长达数亿年。盗蛋龙意思是偷蛋的贼，原来，盗蛋龙骨骼化石下压着一堆原角龙蛋，生物学家认定它偷了别人的蛋来孵化。看来，盗蛋龙还蛮可爱的。

以发现地为种名是一种国际通行的做法。亚伯达龙是一种巨型食肉恐龙，化石最初在加拿大亚伯达省发现，名字由此而来。巨型山东龙、神奇灵武龙、马门溪龙、永川龙、禄丰龙、阿根廷龙，仅从名字就能猜到它们的出土地。

以人名来命名恐龙也很常见，杨氏鹦鹉嘴龙是中国境内首次发现的恐龙，名字来源于中国古脊椎动物研究所所长杨钟健的姓氏。2012年，泰国东北部发现一种禽龙化石，为了向支持古生物学研究的泰国诗琳通公主表示敬意，这个恐龙被命名为诗琳通龙。

另外，为了表示感谢，某些机构、学校或公司名称也可用于恐龙名字，得克萨斯龙是为了纪念得克萨斯州理工大学的研究支持，阿特拉斯·科普柯龙是为了感谢阿特拉斯·科普柯公司提供器材。

好名字能让人浮想联翩，巨嵌彩虹龙发掘于河北省青龙县，颈部长有一圈彩色羽毛。对于这个名字，德州大学杰克逊地球科学院茱莉娅·克拉克印象深刻，溢美之词脱口而出："彩虹，哇哦，这个名字听起来好迷人。"茱莉娅补充说："仔细想来，这个名字蕴含着严肃的科学内涵。"

霸王龙是迄今为止最霸气的恐龙名字。在讲英文的国家，人们更愿意用全称"Tyrannosaurus-rex"来称呼霸王龙，而不是用缩写"T.rex"，因为"Tyrannosaurus-rex"发音极具爆发力，听起来霸气十足。霸王龙是最著名的食肉恐龙，体长约13米，平均臀部高4米，头高接近6米，体重约9吨，咬合力高达12万牛顿，从以上数据来看，霸王龙果然名副其实。

也有一些恐龙的名字取得很"佛系"。慈母龙会将食物咀嚼细碎，用以喂养刚刚孵化出的宝宝，研究员杰克·霍纳被慈母龙这一举动深深感动，以慈母命名。崇高龙化石发现于巴西东北部桑塔纳地层，古生物学家德利马为它取名时，想到巴西原住民图皮族的守护神崇高，所以就有了这样一个高大上的名字。（文／侯美玲）

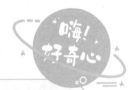

毒蛇如果咬到自己的舌头会怎样

我们都知道毒蛇以毒横行于世，很多人谈蛇色变。那么，我们来做一个假设，如果一条毒蛇不小心咬到了自己的舌头，会怎样呢？

首先，蛇是不可能咬到自己的舌头的。因为所有的蛇嘴的正中都有一个专门吐舌头的小沟，舌头的进出只能在这个沟里，不会被咬到。所以这个假设基本上是不成立的。

其次，蛇的毒液是通过下颚的肌肉发力注入猎物体内的。即使蛇不小心咬到了自己的舌头，也不会拼命发力注射毒液的。就如同我们在咬到自己舌头的时候，由于痛，也不会狠狠咬上一口的。

如果是人为地让蛇咬到自己的舌头，那么可能出现两种情况。

如果蛇毒属于神经性毒液，那么这条蛇可以幸免于难，原因是它本身有抗体。但是如果这种蛇的毒液附带专门破坏组织的酶，那么蛇的小命就难保，因为它本身的抗体对这种酶无效。（文／赵伟）

蚊子的雨中生存术

　　下雨天对于蚊子来说是很危险的。通常，一滴雨的重量是一只蚊子的50倍，当它们从天空中呼啸而下，一旦砸中蚊子，就好似一辆疾驰的校车撞上了一个人。因为普通校车的重量，就是人的50倍。从理论上说，被雨点打中的蚊子，会被拍成"煎饼"。但事实上，即使是在密集的雨中，蚊子依然能够快乐地飞来飞去，它们是怎么做到这一点的呢？

　　在模拟下雨的实验室里，科学家们通过高速摄影机拍摄到了蚊子的超级慢放动作，揭开了蚊子在雨中飞翔的秘密。原来，面对劈头盖脸砸下来的雨点，蚊子没有躲避，而是直面危险。当然，它们不会用身体撞上去，而是用纤长的腿迎接，这些腿朝六个方向展开，因此虽然雨点会让它们在一瞬间人仰马翻，但蚊子会以不超过百分之一秒的惊人速度恢复正常，侧向离开水滴，继续飞行。

　　通常情况下，雨点落到大而略重的昆虫（比如蜻蜓）身上，会因为撞击而分崩离析，而这种撞击力转移到昆虫的外骨骼上时，甚至会导致昆虫死亡。当雨点正好打在蚊子的翅膀之间，直接冲击蚊子时，会不会也出现这样的后果呢？答案是不会，因为蚊子轻盈的身体导致雨水转移的力很少，蚊子就像突然飘到雨点上一样。然后，雨点带着蚊子以每秒9米的速度向地面俯冲，当蚊子下降5到20个体长时，借助身上浓密的防水的毛，它优雅地起身，"闪到"一边，然后猛地冲到空中。因此，蚊子只要离地面高一点儿，就不会担心被雨拍到地面上。

蚊子的这套雨中生存术，令人惊叹的同时，也给我们一点有益的启示：面对危险时，与其怨天尤人，不如发挥自身优势，调动一切有利因素，扬长避短，迎难而上，这样反而能闯出一片属于自己的晴空。（文／江东旭）

蓝色谎言

心理学界通常把谎言分成三类，分别以白色、黑色和蓝色来代表。小孩一般在3岁时开始学会说黑色谎言，也就是专门利己、毫不利人的谎言，比如"是小狗把杯子碰掉的"。小孩之所以会这么做，是因为他们终于意识到父母无法看出他们心里在想什么，于是，人类的自私本性开始起作用了。小孩长到7岁左右的时候，开始学会说白色谎言，也就是毫不利己、专门利人的谎言，比如"我喜欢吃你做的饭"。如果一个小孩学会了撒这种善意的谎，就说明他长大了，懂得以此来维系某种人际关系。小孩再长大一些，会说蓝色谎言。

这种谎言的特点就是既利己又利人，只不过这一次利的只是少数人而已。比如为了让本班级在体育比赛中获胜，很多孩子不惜撒谎，隐瞒比赛中作弊的事实。

加拿大多伦多大学心理学家李康调查过7~11岁年龄段的孩子，发现他们年龄越大，撒的蓝色谎言越多。这一结果表明，蓝色谎言与一个人社会阅历的增长有关。（文／袁越）

贫穷会写进我们的基因

环境因素会遗传

有一句谚语我们都听说过，叫"富不过三代，穷不过五服"，意思是富贵传不过三代，贫穷也不会延续到第九族，鼓励人们勤俭节约，发愤图强。

但是最近，美国西北大学的一项研究却颠覆了这个传统说法：在生物学里，贫穷不仅影响一代人，它还会改变基因，一代代地传承给子孙后代。

这个观点并不奇特，环境可以改变基因的理论随着科学研究的发展已经逐渐深入人心。有研究机构发现经历了美国"9·11"事件的孕妇，她们的SERT基因被大量关闭，这个基因是情绪的一种"开关"，它的状态直接影响了人们的情绪状况。这种"关闭"的基因状态也影响了下一代，通过跟踪调查她们的孩子，这些受到创伤的母亲生下的孩子的SERT基因也被大量关闭，使这些孩子更容易焦虑和忧郁。

关于社会环境和地位会影响基因的研究也不止一个。此前，有研究称，贫困家庭的孩子更容易患精神疾病。为了证明这个观点，科学家跟踪了上百名贫困地区儿童的一种叫作SLC6A4的基因的变化，这个基因生产血清素转运蛋白，将血清素转运到大脑，使大脑保持兴奋，而血清素的缺乏会造成抑郁症。他们发现，来自贫困背景的人在这个基因上或基因附近发生了比富裕环境的儿童更高程度的甲基化，这可能抑制了贫困儿童血清素转运蛋白的产生，从而使他们大脑可利用的血清素减少，导致了抑郁症的发生。

但是最新的研究发现，长期的贫穷环境改变的不仅仅是这一个基因，研究组发现，在1500多个基因的2500多个位点上，由于社会经济地位较低，导致DNA甲基化水平变高。而人类体内总共只有约25 000个基因，换句话说，贫穷会在基因组中近10%的基因上留下印记。

什么是DNA甲基化

DNA甲基化指在不改变DNA序列的前提下，改变遗传表现的现象。当甲基化发生时，通常会抑制基因产生作用。DNA甲基化会对衰老和致癌等产生作用。

这一研究结果意义重大。我们早已知晓，社会经济水平对人的健康状况有重大影响，但此前我们并不知道它究竟如何影响了我们的身体，背后的原理是什么。研究结果表明，DNA甲基化可能发挥了重要作用，社会经济地位和DNA甲基化之间的联系，符合我们之前的认知。在基因组变化的过程中，生活经历逐渐影响了基因组的结构与功能，影响到免疫反应、骨骼发育和神经系统发育等，甚至还会导致与寿命相关的端粒缩短，这一切都会给人们的寿命和健康状况带来不可预估的影响，并且这种影响将通过基因的遗传传递给子孙后代。

但是随着科技的发展，基因的变化早已不再是不可逆的了。基因诊断，让我们可以根据基因的变化预测疾病的发生；基因治疗让我们可以改变疾病易感基因，生产更有针对性的药物。另外，只要努力，社会地位可以提高，祖辈遗传下来的基因也可以改变，人生也会随之改变！（文／薛灵）

土拨鼠只会尖叫吗

土拨鼠只会尖叫吗

自从有了这个尖叫表情包，人类世界对土拨鼠的风评急转直下，土拨鼠变成了一个只会啊啊啊的动物。

其实大家都误会了，土拨鼠只是一类动物的俗称，虽然无论哪一种都很会尖叫，但这个族群中只有一种是可以傲视动物界的语言天才，它们就是草原土拨鼠（草原犬鼠），其语言系统或许在地球上仅次于人类的复杂。

家有豪宅的草原土拨鼠

草原土拨鼠是一种社会性较强的群居动物，爱好是打洞。它们对于自己的房产非常上心，打的洞一般有5～10米长、2～3米深；内部设施齐全，有托儿所、夜间休息室和冬季休息室，还有靠近地面用以监控捕猎者动向的情报室等。

外部一般会有五六个开口互相连通，逃命的时候无论从哪个入口都能迅速回到家。由于开口较小，所以草原上的其他肉食动物只能对着洞口一筹莫展。而热心的草原土拨鼠有时候也会收留其他草食动物，如兔子。

豪宅不是一天建成的，也不是一个土拨鼠建成的。草原土拨鼠的地下宫殿设施这么齐全，得益于其群居的特性，类似于人类中的大家族，一片洞穴可能住了一堆亲戚。

尖叫里的复杂内容

无论是人还是动物，聚在一起要做什么？当然是瞎聊天了。

而令人想不到的是，经科学家研究发现，草原土拨鼠的语言系统非常复杂，要远强于人们普遍认为很会"说话"的鹦鹉。

因为鹦鹉虽然能学人类说话，但这只是得益于自身特殊的鸣管和鸣肌造就了善于模仿的发声部位。就算是能与人类对答如流也不过是来自经年累月的训练和机械模仿，其本身是很难明白自己所说为何物的，也较少通过语言来表达自己的情感。

但在草原土拨鼠的语言系统中，"尖叫"的变化更多，表意性也更强。作为一种草食性动物，草原土拨鼠给人的印象就是弱小可怜，遇上天敌时也只能一溜烟地逃跑。

在逃跑的过程中，集体性较强的草原土拨鼠会大声通知自己的伙伴。也正是因为这样，科学家们才发现了草原土拨鼠的"尖叫"各有不同。

人们通过比对发现，草原土拨鼠的报警声能对应到每个不同的物种。对人类、狼、家养狗等不同物种，草原土拨鼠都有特定的"尖叫"。

讲不同方言的草原土拨鼠

据生物学家们推测，草原土拨鼠的词汇量能达到100多个，可以支撑报警以外的其他日常交流。

而且，不同地域之间的草原土拨鼠也会有口音上的细微差距，也就是所谓的"方言"了。但或许草原土拨鼠们自己并不能发现，就像每一个东北人都会觉得自己的普通话说得还行。

不过，虽然草原土拨鼠的语言系统较其他动物高一个档次，但这并不代表其智力水平更高。

其实，草原土拨鼠的智商比不上猩猩之类的高智商动物，但在交流方面却意外"聪明"，更多的还是依靠自身的语言系统。

虽然人类听不懂草原土拨鼠的话，只留下一个它们经常大声尖叫的印象，但它们互相聊八卦聊家常一定是非常精彩的，说不定正在那里笑话你呢！（文/佚名）

为什么总是感觉很累

我们总是感觉很累，如此之类的痛苦就像是真正的传染病一样，在现代社会广泛传播。诚然，其原因五花八门，但是毫无疑问，压力是这种情况的元凶。

人们反复说，压力对于生物来说是自然而必要的痛苦，生物永远要适应环境。然而，超过了一定的界限，压力最终会变得令人难受，甚至是难以承受，而现在我们频繁地跨过这个界限。类似的行为最终会对身体造成影响，甚至完全掏空身体。

当今社会，人类个体不断处于环境对神经或轻或重的刺激中：工作中的冲突关系，智能电话使工作内容侵入个人生活领域，感情生活的不稳定，各种社会问题，不断被突破的禁令……如果对你来说情况可控，那么你只会心跳加速，注意力更集中。

相反，如果情况对你有很大触动，令你感到处于危险中，那么你的生理反应会更加严重：呕吐、腹泻、想要小便、心跳过速、发冷、出汗等。久而久之，会导致人的机体过度损耗，由此会产生消化问题或心血管疾病及各种心理疾病，如神经紧张或失眠。最终，出现机体不能维持对紧张的适应，机体适应能力耗尽，即机体的意志力消耗殆尽，会造成机体功能受到损害，最终可能危及生命。

这里要提出积极休息这个概念。积极休息不限于睡眠，而是指一切能够达到放松身心效果的活动，如聚餐、看电影等。当然，唯有"内心宁静，别无他物，特别是沉潜在平静无比的思绪里"，才是更高层次的放松。（文/奥迪尔·夏布里亚克）

重口味企鹅粪便，比你想象中更重要

长时间以来，研究南极的生物学家一直将研究重点放在了解生物体如何应对南极的严重干旱和寒冷等恶劣条件上，有一件事却被一直忽略，那就是企鹅和海豹们富含氮的粪便所能发挥的作用。

若是身在南极，你一定会感到崩溃——企鹅粪便实在太重口味。企鹅的主要食物来源——南极磷虾，是生活在纯净南极的一种小型海洋甲壳类动物，是赫赫有名的小身材、大营养，被称为"蓝血贵族"。南极磷虾是已发现的蛋白质含量最高的生物，其体内蛋白质含量高达50%以上，一只南极磷虾（0.5克）所含的蛋白质相当于5克牛肉的蛋白质含量。

在磷虾吃多了的情况下，企鹅的排泄物就变成粉色。正是磷虾身上的天然色素——虾青素，染红了企鹅们的便便。于是，又腥又臭的企鹅屎味儿，几乎让每位踏上南极的人永生难忘。

10多年前，中国科技大学孙立广教授独创了"企鹅考古法"，开拓了"全新世南极无冰区生态地质学"这一新的研究领域。"磷虾中有奇高的氟含量，使企鹅作为载体将海洋食物中的元素转移到粪便中，进而进入沉积土层中。"

谈到粪便，万变不离其宗的便是其作为"肥料"的用途。而企鹅的粪便，其实也滋养了整个贫瘠的南极大陆，养活了许多小动物。有了这些便便，南极生物才能呈现出现在的多样性与活力。只是在过去，科学家一直忽视了企鹅粪便的力量。

最近一项研究发现，企鹅便便对生物多样性的影响范围可达1000米。越靠近企鹅栖息地的区域，整个食物链就越充满活力。企鹅是南极的头号营养师，其粪便真是"又臭又有用"。企鹅粪便里，蕴含着碳、氮和磷等各种丰富的养分。

其中，受益最大的是土壤。企鹅粪便部分蒸发成了氨，然后被风吹进土壤。这便为初级生产者提供了足够的氮。据研究人员统计，南极每平方米土壤中有数百万无脊椎动物。这里的物种丰富度，相当于其他区域的8倍。

在南极洲的东部地区，生长着一片特殊的苔藓。由于这一片区域土地的物质基本上都是沙子与砾石，此处的苔藓必须从其他地方通过其他途径获得稳定的营养资源，这对于苔藓来说，是一个巨大的挑战。

通过研究发现，南极苔藓的化学成分中氮含量远远超过海藻、南极虾体内的水平，进一步研究发现，此类氮元素与企鹅粪便中的氮元素完全一样，也就是说，这里的苔藓几千年来都是依靠企鹅的粪便来维持生计的。

这些企鹅排泄物支撑着南极地区繁荣的苔藓和地衣群落，进而使许多微小的动物如螨存活下来，从而维持大量微生物的存在，创造南极的生态环境，对于南极洲的生态平衡发挥着极其重要的作用。（文／吴长锋）

超能力般的疾病

每次观看超级英雄电影时，我们常常幻想自己成为一个超级英雄，用自己独特的超能力拯救地球和人类。在现实中，有的人似乎真的有超能力，但拥有的人却恨不能摆脱它，因为它其实是某种病症。

超忆症

贤哲是美国漫威漫画里的超级英雄，她是一个变种人，拥有过目不忘和无限存储记忆的能力，可以用令人难以置信的速度和精度呈现出记忆的细节。这跟超忆症很像。超忆症极为罕见，全世界只有80人患上这种疾病。患者几乎可以记住自己一生中的所有经历，还能精确地回忆出事件细节，比如那天吃了什么、穿了什么、新闻报道了什么内容。你认为他们很幸运吗？其实不然。他们虽然过目不忘，但也可以天天回想起令人不快的事情，这听上去比感冒要难受多了。目前科学家们还未发现引起超忆症的具体原因。

痛觉失敏

红皮肤的地狱男爵是美国黑马漫画里的超级英雄，他拥有恶魔血统和坚硬的身体，由于感受不到疼痛，也就不害怕被敌人击打，所以可以勇猛地与敌人近身肉搏。

感受不到疼痛的现象在医学上被称为"痛觉失敏"，原因是传递疼痛信号的神经通路受损或发育不全。不会感受到疼痛听起来很不错，但疼痛是一种非常重要的信号，它避免我们陷入危险，比如当手指被火烧的时候，疼痛会让我们把手缩回。而痛觉失敏的患者察觉不到疼痛，假设患者在没看到火的情况下，皮肤触到了火苗，也不能及时避开，最终会使自己受伤。因此，患上痛觉失敏的人往往在童年时期因受伤或疾病而不自知，以致过早死亡。

狼人综合征

暗夜狼人是美国漫威旗下的超级英雄，满月时会变成全身长毛的野蛮狼人状态，他拥有狼一般的力量、速度、反应能力和利爪。

而狼人综合征患者跟满月的暗夜狼人一样，全身包括脸上都遍布长长的毛发。这种疾病可能是基因突变或药物引起。马戏团表演者朱莉娅·帕斯特拉纳就患有这种疾病。虽然可以通过剃毛和脱毛去除长长的毛发，但这只是暂时的，毛发还会重新长出来。

吸血鬼症

莫比亚斯原是一个世界著名的生物化学专家，为了治好自身的血液疾病进行人体实验，最后却转变成一个为了生存需要不断吸食血液的吸血鬼，他有着尖尖的獠牙，皮肤苍白，而且惧怕阳光。

与此相似的是吸血鬼症，这种疾病由基因突变引起，导致人体结构异常发育，如牙齿畸形，变得很尖锐；皮肤苍老；头发稀少；汗腺发育不正常，无法通过出汗排出身体热量，若是在太阳照射下，会导致体温过高而面临危险，因此他们也很惧怕太阳。据估计，全世界约有17 000人患有此病。（文／程砾）

科学家告诉你：
你身体里过半组成不是人类

　　随着科学卫生的进步，科学家对人体的认知越来越多。现在科学家称，人体只有43%的细胞属于人类，而其他的部分则是由微生物细胞群组成。

　　这一发现意义重大，因为它可能改变我们对许多疾病、过敏等一系列情况的认知。

　　同时，由此可能研发出对疾病变革性的新治疗方法。

　　马克斯·普朗克研究所微生物组学的研究人员说，这些人体中的微生物对人体的健康至关重要。因为"你的身体其实不只是你自己"。

　　无论你每天自我清洁多么彻底，你身体的犄角旮旯到处被微生物覆盖。

　　它们包括细菌、病毒、真菌和古菌等。而人体中这种微生物聚集的主要场所当属肠道，因为那里是黑暗的角落，并且缺乏氧气。

　　这些依赖人体生存的微生物群与人体有着互动并影响着人体，确切地说，你身体中微生物的成分比人体细胞的成分还要多。

　　虽然科学家之前对此也有所了解，但那时他们还是觉得人体细胞多于寄存和生长在人体中的微生物，显然现在知道并不是这样的。

　　加州大学圣地亚哥分校的耐特教授说，如果把人体中所有细胞都算在内的话，估计只有43%与人类有关。

如果从基因上来看，我们更是处于下风。

人类基因组大约由2万个基因组成，但人体中的微生物群的基因在200万~2000万。

加州理工学院的一名微生物学家萨尔基斯更是认为，我们不仅仅有一个基因组，人体中的微生物群应该是我们身体中的第二个基因组。

他认为，我们每个人都是由自身的DNA再加上我们人体中微生物的DNA结合起来的。

现在的科学研究已经发现，微生物在人体中的角色。它们在帮助消化、调解人体免疫功能、保护人体免受疾病攻击以及生产人体必需的维生素方面都扮演着重要角色。

你吃的汉堡和巧克力不但影响你的体重，还会影响你消化道中生长的微生物群。耐特教授说："我们直到近期才发现这些微生物在影响人体健康方面所起的作用是我们之前从未想象过的。"

这会让我们重新看待人体中的微生物，而不是像从前那样主要把它们当敌人。

微生物战场

过去，人类发明了抗生素和疫苗来对付天花、结核杆菌或是超级细菌MRSA（耐甲氧西林金黄色葡萄球菌）等，挽救了无数生命。

然而研究人员担心，在杀死坏细菌的同时，也对那些有益细菌造成了巨大的伤害。

雷教授对我说："过去50年，我们在消灭传染病方面成绩斐然，但是我们也看到了自身免疫性疾病及过敏症的激增。"

他表示，虽然我们成功地控制了一些病原体，但是也催生了一系列新疾病和问题。

据信，微生物与帕金森症、炎症性肠病甚至抑郁症和自闭症都有关联。

微生物与肥胖症

此外，它可能还与肥胖症有关。当然，人的体重与生活方式、家族史有关系，但是肠道里的微生物可能也对此有影响。

例如，你吃了汉堡和巧克力以后可能会影响你的体重，但是这些食物还会影响你消化道中生长的微生物群。

耐特教授用小老鼠做了这方面的试验。

他说，试验结果显示，如果分别把瘦人和胖人的肠道粪便细菌输入老鼠肠道中，就可以让老鼠长得更瘦或是更胖。

而这些用于做试验的老鼠事先确保它们生存在无菌的环境。

同样，如果把瘦人肠道细菌输入给胖老鼠，还可以帮助老鼠减肥。

这一效果的确令人感到神奇，但问题是这能在人身上奏效吗？

信息金矿

维康桑格研究所的劳利医生所进行的试验是分别培养健康人与病人的微生物群。

他说，在那些病人体中可能缺乏某些细菌。他们的想法是重新找回那些消失的有益细菌。

劳利医生说，越来越多的证据显示，修复一个人体内的微生物群"可以实际上缓解"一些诸如溃疡性结肠炎的肠道疾病。

当然，微生物药物的研制还处于初级阶段，但一些研究人员认为观察自己的大便不久将成为家常便饭，因为它是可以提供关于我们健康的信息金矿。

耐特教授表示，人们排泄的大便中包含了你身体中微生物DNA的大量数据。

也就是说，"你每次排出的大便都蕴藏着你身体的数据，你把这些信息都冲走了"。

他说，希望在不太遥远的将来，每次你冲大便时都能得到即时的数据解读，告诉你身体的好坏。

"我认为，这将成为真正的变革。"耐特教授说。（文／詹姆斯·加拉格尔）

为什么古埃及人死后做成木乃伊

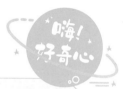

　　古埃及人"重来世，轻今生"，认为死亡是获得永生的一个步骤，于是，他们对身后事非常重视，尤其是设法让尸体永不腐烂，这便出现了木乃伊制作工艺。

　　木乃伊制作相当复杂，整个工序需要70天。首先要把内脏取出，对尸体和内脏用不同的方法脱水并做防腐处理，然后用香料填充尸体。接着，用亚麻布一层一层地缠裹尸体，边缠边向上面涂抹防腐油脂。最后，处理后的内脏分别放进卡诺皮克罐中，埋葬时放在木乃伊旁边。

　　考古学家通过放射性碳测定的一具木乃伊是公元前4300年制作的，上面的防腐胶状物质是苏伊士湾的天然沥青和土耳其针叶松树脂混合物。

　　古埃及人把墓穴看作人死后的子宫，所以，起初的木乃伊都呈蜷曲状，就像婴儿在母亲的子宫里一样。但从公元前2600年开始，木乃伊的姿势变成平躺状，放置木乃伊的棺材也随之变大了，平民的棺材就是木头的，法老的棺材则是石头的。

　　木乃伊对研究人类学极具价值。考古人员曾拿出50具较完整的木乃伊送往医学机构检测，发现其中一半患有疟疾，还有一具木乃伊患有肺结核，而有的木乃伊则患先天性软骨发育不全。

　　古埃及人的面相也可通过对木乃伊的检测勾勒出来。他们大部分是黑棕色头发，发型从鬈曲短发到长辫都有，一个成年女性甚至用当地的植物染料把头发染成暗红色，还掺杂假发编了满头的小辫。（文／刘丽烨）

地球上七大最耐饿动物

大白鲨：几周

大白鲨以独特的进食习惯而闻名，它是一种非常强大的掠食者，能够在短时间内捕杀大量猎物，但同时它们也可以几周不进食。

海洋生物学家指出，有时大白鲨也会长达3个月时间不进食，仅以肝脏内存储的油脂维持生命活动。而最令人啧啧称奇的是，它们越是很久没吃上一顿饱饭，狩猎技能就越强。

骆驼：40天

有人说骆驼的驼峰里装的就是水，身体渴的时候就吸取驼峰的水分。但实际上骆驼的驼峰是一块大脂肪，骆驼的胃里才有水囊，能贮存很多水。

骆驼的两座驼峰，可储存100多千克脂肪，这些脂肪必要时也可以转变成水和能量，维持骆驼的生命活动。因此，在沙漠里，骆驼可以一连40天不吃不喝，适于长途跋涉。

骆驼之所以在缺水的沙漠里耐渴，还因为它们平时喝水就很少。不过，它们能在10分钟内喝下100多升水；同时它们排水也很少，一天只排出一升左右。

企鹅：120天

冬季的南极大陆，气温通常都在-40℃左右，中间还有极夜带来的漫长黑暗，犹如一块生人勿进的不毛之地，让人不寒而栗。而企鹅就生活在地球上这一环境最恶劣的地方。与一般生物的"男主外，女主内"的观念相反，在企鹅家族，其中帝企鹅的雌性企鹅负责外出到-40℃的气温环境里打猎，雄性负责待在巢中孵蛋。

在雌性企鹅外出的2~4个月期间，家里的雄性企鹅为了坚守岗位，只能依靠皮下厚厚的脂肪生活。为了不让企鹅蛋接触到冰冷的雪面，企鹅爸爸只能将蛋放在脚背上，利用育儿袋（腹部皱褶的皮肤）将其覆盖，使孵化温度维持在36℃左右。

蛇：1年

蛇，这一类冷血的爬行动物虽然不能在寒冷的天气里调节它们的体温，却能放慢70%的新陈代谢，让它们可以长达一年不吃任何食物。

对于能量的积聚和消耗，蛇类充分体现了"开源节流"的特点。平时，它们对食物虽有偏爱，但也因地因时制宜，广辟食源，并高效率地吸收其营养成分储藏于体内的能量"物资库"中，而动用时又以最为节约的方式进行。

青蛙：16个月

青蛙属冷血动物，体温不稳定，会随外界气温的变化而变化，因此，环境对青蛙的影响比较大。当冬季来临气温下降时，青蛙就会因受不住寒冷而躲进泥土里冬眠。到了春季，气候变暖，气温回升，青蛙便会从泥土里爬出来，开始活跃起来。因为青蛙依赖于潮湿的环境，它们的身体构造赋予了其依靠水分来补给养分的能力，以应对干旱的环境。所以，当旱季来临时，青蛙就可以进入长达16个月的休眠。

鳄鱼：3年

鳄鱼由某种陆生恐龙演变而成。几亿年过去了，鳄鱼还保持着史前的那副尊容。鳄鱼之所以有着如此强大的生命力，其中一个原因就是它们有挨饿的本事。鳄鱼能够为了捕食而一动也不动地等待，以保存能量。它们通常能持续几个月不进食，有的还可以一整年甚至三年不进食。虽然它们会变得瘦骨嶙峋，但依然很活跃，当猎物出现的时候照样能正常捕食。

洞螈：10年

洞螈这种看起来很像中国"龙"的两栖动物，生活在意大利和巴尔干半岛的水下洞穴里。洞螈没有眼睛，皮肤滑溜半透明，四肢细小，终身栖息在地下水形成的黑暗洞穴中。它的身体呈灰色、粉红色，所以民间又称它为"人鱼"。

在这种环境下，资源是非常有限的，所以洞螈可以在不吃食物的情况下生活长达10年，这也让洞螈成为这个世界上最耐饿的动物。（文／佚名）

2.5人称观点

嗨！好奇心

日本文学家柳田邦男先生曾提过一种"2.5人称观点"：首先是自己，即第一人称观点；其次是家人，即第二人称观点；最后就是没有任何关系的他人，即第三人称观点。

只靠第一人称观点和第二人称观点，人容易感情用事，但光使用第三人称观点又缺乏人情味。服务业所需要的是带有三种人称观点的想法和专业判断。

我想到我家附近服装店里的店员。我每次走出试衣间，她都不会说"这件衣服很适合你"这种有固定模式的夸赞的话，而是用极为严肃的目光审视我，然后说："不好意思，如果您是我的朋友，我不会建议您选择这件衣服，没准儿……"说完，她会拿来一款我从来没有考虑过的衣服让我试穿。很多次，在试穿之后，我才发现原来我从没注意过的款式也有意想不到的优点。她这样的做法就是运用了"2.5人称观点"。

把毫无感情的第三人称观点变成大家都容易接受的"2.5人称观点"对话，服务行业的从业者们都应该具备这种能力。（文／中野香织）

折纸是道数学题

揉皱、抚平、边线对齐，罗伯特·朗纤长灵活的手指在薄薄的正方形纸片上来回穿梭，像在弹奏一段美妙的旋律。一只惟妙惟肖的甲壳虫轮廓渐渐清晰，两根触角微微颤动，细细的足尖顶着精巧的小钳子，看起来宛如活物。

这是一门起源于13世纪的日本的古老手艺，昆虫是其中难度最高的门类。

数百年来，折纸艺术家大多只能重复过去的100多种经典作品，对这些结构复杂的小玩意儿束手无策。直到20世纪90年代，世界各地的折纸爱好者掀起了一场长达数年的"折纸昆虫大战"，朗才创造出新的折纸法。在折一个新作品前，他需要先进行精密计算，用铅笔和尺子勾勒出详细的折痕图，再按图进行操作。

那时，这个始终拼杀在"昆虫大战"最前线的瘦高的美国人，还是圣何塞光谱二极管实验室的一名科学家。2001年，他决定放弃体面的职业，专注于自己的人生追求。

如今，这位"不务正业"的物理学家已经创作出数百种复杂而精妙的折纸作品。其中有翅膀张开足有4.3米长的翼龙，也有小到只有5毫米高的鸟儿。随手拿出一件，便能卖出几百美元甚至几千美元的高价。

罗伯特·朗志不在此。

从某种角度来看，不管多复杂的折纸都能被归纳为数学问题。从解析几何、线性代数、微积分到图论，数学彻底改变了折纸艺术。设计折纸时，一台计算机在几秒钟内就能解出一大堆方程式，比人伏案数周的烦琐分析更准确，也让艺术家有机会探索更广阔的艺术空间。

朗开发了一款名为 Tree Maker 的免费软件，折纸爱好者只要在脑海中构思好造型，在软件上输入尺寸信息，这款软件就可以生成折痕图。他编写的另一个程序则可以将特定的模型转换成一步一步的折叠指令。

折纸变得越来越复杂，也越来越实用。无数个细密的褶皱里，藏着无穷无尽的可能性。

参考折叠昆虫足部的方式，朗帮助一家德国汽车公司设计了一款可以折叠得更加平整的安全气囊，大大减少了原设计占用的空间。

他还与一家医疗技术公司合作开发了一种可以折叠的网状心脏支架，可以通过细管从两根肋骨之间植入人体。

美国劳伦斯·利弗莫尔国家实验室邀请他，目标是把一个镜头直径100米、占地面积比标准足球场还要大的巨型太空望远镜折叠起来，装在3米宽的火箭舱里送进太空。尽管这个"眼镜计划"最终没有付诸实施，但朗因此成名。

凭借这门手艺，朗以专家的身份被老东家NASA（美国国家航空航天局）请了回去。他设计的太阳能板在发射时缠绕在卫星上，几乎不占什么空间，但到了太空后就能自动展开，表面积比过去的更大。

一开始用数学分析折纸，朗只是想做出更好看的东西。这个曾被质疑玩物丧志的科学家，真正把爱好"玩上了天"。

人们已经意识到，折纸可以用来解决现实世界中的问题。

麻省理工学院和哈佛大学的科学家设计了一个可以自动收缩折叠的机器人，只要4分钟就可以远程自动组装，在危险环境中实施搜救和建造避难所。折纸式人造肌肉能让机器人举起超过自身重量千倍的重物。

NASA研发的探索机器人可以折叠成巴掌大小，代替人类在陌生的星球来去自如。装在胶囊里的折纸机器人能够在人类的胃里自动展开，带走误吞的电池、治疗胃溃疡。

根据折纸原理，杨百翰大学的研究人员设计出超级微小的手术钳，并正在尝试用可折叠的填充物来替换脊柱上的受损软骨。麻省理工学院的科研人员则在尝试证明，如果蛋白质错误折叠，可能导致阿尔茨海默病或疯牛病。

野心勃勃的罗伯特·朗相信，折纸在未来还有无数种可能。"就像数学一样。"他说，"它们就在那里，等待被发现。"

最初，日本人折叠千纸鹤，祈祷病人早日康复。也许有一天，这门手艺真的能挽救生命。（文／高珮菁）

为什么眼珠不怕冷

朔风怒号、寒冬腊月，在外面行走的人会冻得鼻尖红紫、耳朵发痛、手指麻木，可是，暴露在外的眼珠永远不会觉得冷。

是眼珠上没有感觉神经吗？当然不是。实际上眼珠外的角膜是身体最敏感的部分，只要有针尖大小的灰尘落到眼里，就会引起不舒服的感觉。

那么眼珠为什么不会感到冷呢？这是因为眼珠上只有管触觉和痛觉的神经，没有管冷热的神经。所以，不管温度多么低，眼珠都不会觉得冷。

鼻尖、耳朵边缘和手指处的毛细血管非常多，遇冷后毛细血管迅速扩张，散热比较快，所以这些部位的温度也变得特别低。眼珠前面的角膜是不含血管的透明组织，因为不含血管，热的散失也较慢、较少；前面又有柔软且血管丰富的眼睑（眼皮），像两扇大门似的挡住了扑面的寒风，所以眼珠的温度实际上要比完全暴露的鼻尖、耳缘、指头等处的温度高。

（文／方洲）

5 个让你成为记忆冠军的小技巧

我们经常会出现这样的状况：想着要买3样东西，去到商店之后却只记得两样；上楼之后却忘了上来的原因；看完信息之后转眼忘掉。我们要是能有更好的记忆力就好了。

许多记忆方法都已被尝试并证实过，口诀记忆、联想记忆等记忆术甚至已经存在了数十年。现在的科学家又在寻找什么新方法呢？在我们确定最佳方法前还需要进行许多调查，但最新的研究能告诉我们哪些未来最常见的记忆技巧呢？

向后走

我们将时间与空间想象成非常不同的事物，可能都没有意识到即使是在说话时，也提到了很多与时间和空间相关的概念。我们把发生的事情"放诸脑后"、"期望着"周末。这些表达可能因文化各有差异，但在西方世界中，大部分人都将未来想象成在我们前方空间伸展的事物，而过去则是在我们身后。

罗汉普顿大学的研究人员决定，针对我们心智中对时间与空间的这种联系进行研究，以便增强我们的记忆力。他们向人们展示一列单词，一套图组或是记录一位女性的手提包被盗过程的分段影像。人们被告知，在节拍器跳动时在房间内向前或向后走10米。人们在记忆影像、单词及图片后进行测试，向后走的人们在每个测试中都表现出更好的记忆力。

倒着走像是鼓励他们的心智在时间上回到过去，结果则是他们能更加容易地记起事情。在他们仅仅想象自己倒着走，实际上并没有这么做的时候，这种方法甚至也行得通。这份2018年的研究与一些2006年在白鼠身上的有趣研究不谋而合。当白鼠学会在迷宫中找到方向时，被称作"位置细胞"的神经元在每个位置都做了标记。研究人员发现，每当白鼠在迷宫中停顿，神经元就会和每个它们一路上学习过的地点关联起来，并做逆向标记。所以它们心智上的回溯能帮助他们记住正确的路线。

如今，全新的研究显示，当人类记忆过去的事件时，会反向地在心智上重新构建这件事情的体验。当我们第一次看见一个物体时，我们先注意到它的图案和颜色，然后才想到它是什么。当我们尝试记住　件事物时，使用的则是另一种方法：我们先记住这件物体，然后如果幸运的话，才会记忆它的细节。

画画

不如尝试画出你的购物清单而不是简单地写下商品。2018年的一项实验中，一组年轻人和老年人分别记忆一份单词列表，其中有一半被告知为每一个单词画画，而剩下一半的人则被告知在记忆的时候写下单词，稍后测试人们记住了多少个单词。虽然"同位素"等单词很难被画出来，但画画的行为效果依然好得多，让老年人在回忆单词时能表现得像年轻人一样。画画甚至能够在老年失智症人群中起作用。

这是因为：当我们画画时，我们不得不考虑更多细节，而这种深层次思考让我们更有可能记住它。抄写对记忆也略有帮助。比如，你到了超市却把购物清单忘在家里，这也比不写清单记得多，就是这个原因。画画则比书写更进一步。

如果因为擅长玩"你画我猜"，就觉得这个技巧对你更有效的话，你可能要失望了。绘画本身的质量并不会对记忆效果造成任何影响。

做点运动，但要找对时机

跑步等有氧运动有助于增强记忆力，已经是大家早就知道的事情了。规律运动对整体记忆的作用不大，但当你需要专门学习一项事物时，一段时间内一次性的努力，至少是有效的。

但研究显示，如果我们刚好在正确的时间运动，记忆力可能会更大幅度增强。在学习带有地点的图组后，学习之后4小时再做35分钟间歇训练的人，比学习后直接做间歇运动的人能更好地记住图组。

未来，研究人员将会努力找出效益最高的运动时间点，而该时间点可能因需要记忆的事物不同而不同。

什么都不做

当外伤性健忘症患者试图记忆15个单词，然后再做其他任务时，10分钟后，他们只记得14%的原来的单词。但如果让他们记忆后坐在黑暗的房间里，15分钟内什么也不做，他们能记住49%的单词，效果惊人。

自从赫瑞瓦特大学杜瓦的研究发表以来，相同的技巧就被运用到多种研究中。杜瓦发现，一个健康人在学习后稍做休息，甚至能影响他一整个星期后此记忆还剩多少。你可能会想，我们怎么能知道，测试对象有没有狡黠地将在暗房中的10分钟用来重复背诵单词，因此他们才没有忘记，为了防止这种情况，杜瓦聪明地让人们去记忆一些难以发音的外文单词，测试人员几乎不可能自己重复这些单词。

这些研究证明，新记忆是多么脆弱，以至于一段短暂的休息都能决定它们的存留。

打个盹

如果向后走、画画、运动甚至是稍做休息都听上去过于麻烦的话，不如试试打个盹。睡眠时，我们会在大脑中重演或者再次激活刚刚学习的事物，人们也一直认为睡眠有助于巩固记忆。而睡眠也不一定要在晚上进行。德国的研究人员发现，在记忆几组单词时，随后睡了90分钟的人比看了一场电影的人能记住更多。

最近的研究认为，这种技巧在人们习惯午后打盹时效果最好。这让加州大学河滨分校的麦克德维特和她的团队思考：有无可能训练人们打盹。所以，4名平时不打盹的人士开始在为期4周中的白天里，尽可能地打盹。

可惜的是，对于这些人来说，打盹并没有提高他们的记忆力。所以，可能需要延长训练期，或者有些人需要的只是向后走、画画、跑跑步或者简单一点儿——什么都不做。（文／克劳迪娅·哈蒙德）

科学家怎么知道约80%的物种还有待发现

科学家可以通过每年发现的新物种数量的减少，来预测已被发现的物种数量所占的比例，从而估算出世界上的物种数量。或者可以根据每1万平方米热带雨林中所发现的新物种数量，推断尚未被研究的热带雨林中可能有多少未被发现的物种。或者还可以绘制出每种新物种的体形，假设较大的物种更容易被发现，并推断还有什么样体形的多少新物种未被发现。通过整合不同模型的数据推测，地球上可能有约870万种物种，164万种被确定，还有81%未被发现。这还只包括真核生物（动物、植物和真菌）。

（文／佚名）

世界名著为何厚成砖头

西方经典文学，尤其是 19 世纪的作品，为什么篇幅都很长？

先说一下，在 19 世纪写小说可不算赚钱的买卖，那时出版业远没今天这个规模，读者也仅限于上流群体，写小说更多是为了名垂史册，而不是为了赚钱，因为靠小说赚钱实在太难了。

比如邦雅曼·贡斯当，今天他以伟大的自由主义理论家而著名，但在 1815 年前后他的标签是政治家，在 18 世纪末则是才子兼社交红人。

他写过一本小说叫《阿道尔夫》（1806 年），卖给书店老板，得了一万法郎，但不是一次付清，而是分为 5000 法郎金币和 5000 法郎期票。该书印了 3000本，到 1830 年后才卖完。

在 19 世纪，一辈子就写一本书的人比比皆是，然后卖给有出版权的老板，得不到多少钱，除非你们有长期合作；你的书销量够高，同时还能不断供货，收入才能稳步提高，但再高能高到哪儿呢？

雨果流亡比利时的时候，为给家人留下足够的财产，决定写《悲惨世界》。他要价 200 万法郎还是 100 万法郎无法得知，总之这笔钱不算多——即使是 200万法郎，按当时的利率无非就是 10 万法郎的年金，而那时已是经济缩水的第二帝国末期了。

雨果年轻时，因悼念贝里公爵的诗一炮而红，成为夏多布里昂力挺的文坛小霸王——他写一本小说能赚多少钱呢？《巴黎圣母院》可作为一个参照，雨果有天在书店闲聊，说："我写了一本小说：在中世纪，有大教堂、大学生、美女、怪人、腐败的贵族，你觉得值多少钱？"书店老板当即给了他 5000 法郎的现金，还开了一张一万法郎的期票，表示拿到书后再给另一半——也就是说《巴黎圣母院》大概值 3 万法郎，3 万法郎在复辟王朝时代是什么概念呢？一个时髦单身汉一年大概需要 2 万法郎来应付各种开支，但已婚的雨果拿到的是期票，提现要打折扣，所以他如果没有其他财产，纯靠写作想让一家人过上体面的日子，需要一年写出两本《巴黎圣母院》，这还是在他已经走红的情况下。

再看沃尔特·司各特，他在那个倒霉的出版印刷公司倒闭后，背了数万英镑的债。他苦哈哈地写小说，竟真靠写小说还清了债！为此我们应该感谢有限责任法晚通过了几十年，否则我们就看不到这么多有意思的小说了。

真正把小说变成捞钱买卖的是报业的兴起，之前连载小说都是在刊物上，比如称霸俄国文学界的《现代人》，上边登短篇、节选和评论，但那样的刊物发行量并不大，考虑到时间延迟和公共场合陈列，阅读量是发行量的 10 倍，读者也并不多。

但到 19 世纪中期以后，报业蓬勃发展，尤其因为有广告收入，连载小说的稿费就水涨船高。像大仲马这样的红人，报纸编辑按行给钱，所以他们就写一些非常简短的句子来凑行数，比如以下对话："真的吗？""真的。"

"您确定？""确定！"

"这么不要脸地骗稿费吗？""是的。"（文／高林）

焦虑让你容易被狗咬

你可能遇到过这种情形：几个人一起走，半路碰到一只陌生的狗，这只狗看上去很凶，但它只朝着你们当中的某个人又叫又咬，对别人似乎视而不见。让你郁闷的是，有时候，一只狗特别喜欢咬的人就是你。最近，英国《流行病学和社区健康》期刊发表文章说，英国人实际被狗咬的次数，或许比官方统计的数字高3倍。

这是怎么回事呢？科学家们通过研究得出结论：心理焦虑的人最容易成为狗的攻击目标。本次研究首席撰稿人、英国利物浦大学流行病和人类健康学院研究员凯丽·韦斯盖瑟说："对于在英国发生的狗咬人事件，官方唯一的统计数据是来自患者的住院记录，连挂急诊接受治疗的病例都没有包括在内。所以，我们一直不清楚发生过多少次狗咬人事件，有多少人因为被狗咬伤而需要治疗。"

为了获得关于狗咬人事件更准确的数据，韦斯盖瑟和她的同事对生活在切希尔郡的385个家庭的大约700人进行了调查，研究他们被狗咬的经历。兽医系学生先是对这些切希尔郡居民挨家挨户进行简短采访，询问他们的养狗情况，然后请他们填写内容更为详细的调查问卷。

问卷中有一项，就是让曾经被狗咬的受访者详细描述一次被狗咬的经历，包括他们当时的年龄、他们和"作案狗"的关系，以及他们事后是否就医疗伤。成年受访者还需要回答另外10个问题，以便研究者从中测试他们的性格，然后根据"五大人格特质"区别他们的性格。"五大人格特质"即外倾性、情绪稳定性、开放性、随和性和尽责性。

研究者发现，受访的切希尔郡人报告的被狗咬伤率为1873／100 000，大大高于国家统计的740／100 000。

对于被狗咬的一些背后因素，研究者发现了一个有趣的现象。比如，男性一生中被狗咬的次数大约是女性的两倍；大约44%被狗咬的时间发生在他们的儿童时期，也就是16岁之前；55%被狗咬过的人说，他们和咬人的狗在出事前从来没有遇见过。"曾经有研究称，多数狗咬人事件发生在人和他们熟悉的狗之间，但是这次研究结果与之相反。"韦斯盖瑟说。

不过，最让韦斯盖瑟和他的同事感到惊讶的是，研究结果显示，狗咬人事件更多是发生在情绪最不稳定的人身上。也就是说，人的情绪动荡得越厉害，越容易被狗咬。

韦斯盖瑟说："我们的研究表明，一个人少一些焦虑、急躁和抑郁等负面情绪，就会减少被狗咬的可能。"（文／布兰顿·斯皮科特　译／孙开元）

鲨鱼远比我们想象的聪明

德国波恩大学的研究人员在测试了12条竹鲨的识数能力后，认为鲨鱼或许比它们看起来更精于算计。

研究人员把12条竹鲨各自单独放进训练池中，并在池子的一面池壁上循环投影不同数量的两组几何形状的图片，当鲨鱼用鼻子去触碰物体数量多的一组图片时，就给它们投喂食物。这样不断训练后，研究人员发现，鲨鱼很快就学会只用鼻子去触碰物体较多的图片。随后，研究人员又循环放映了至少20组不同形状和明暗度，且有不同数量差的物体图片，确保这些鲨鱼不会只是根据物体的明暗度或它们面对的投影墙的面积来做选择。结果发现，部分鲨鱼的确能分辨出物体的多少，而且一组图片中，还只有一幅图像比另一幅图像中物体数量至少多两个的时候，它们才会去挑出多的那一组。

当然，并不是所有鲨鱼都具有这种分辨能力。研究人员认为，这其中的原因可能像所有动物一样，鲨鱼间也有着智力差异。但有趣的是，如果把两只鲨鱼放到一起，让它们互相学习，它们在观看了另一只完成分辨任务的行为后，也是可以很快学会完成任务的。这说明，鲨鱼是具有社交行为的动物，它们可以互相学习。它们甚至可以从自己的失败中吸取经验，然后让自己进步，这一点对于生物自身的生存显然非常重要。

研究人员在之前的一些实验中还发现，竹鲨甚至有着认识蛇和鱼等不同类别动物的精细能力。这种能力已与人类的识别能力相似。（文／小绿）

死党原来是个褒义词

现在很多年轻人喜欢把最好的朋友称为死党。按说，中国人十分忌讳"死"字，认为很不吉利，可为什么会把最好的朋友称为死党呢？

原来死党这个词汇很古老。其最早出处在《汉书·翟方进传》："案后将军朱博、钜鹿太守孙闳、故光禄大夫陈咸与立交通厚善，相与为腹心，有背公死党之信，欲相攀援，死而后已。"唐代颜师古注解道："死党，尽死力于朋党也。"文中提到的3人都是西汉名臣，皆有忠名，尤其陈咸抗拒王莽篡位，不仅自己辞官，还责令3个儿子也辞官。如此看来，死党最早还是个褒义词。死，是动词当名词用，有"为什么赴死"之意，党乃朋党，古时士大夫结成利益集团，被指为朋党。

后来，死党渐成贬义词，指为某人或集团出死力的党羽。宋代陆游的《南唐书·陈觉传》说："逾年，（陈觉）复起任事，始与徵古为死党，相倡和如出一口。"而《宋史·奸臣传三·秦桧》也说："浚（张浚）在永州，桧（秦桧）又使其死党张炳知潭州。"陈觉与冯延巳、魏岑、查文徽、冯延鲁5人被称为南唐的"五鬼"。秦桧就更不用提了，是南宋臭名昭著的奸臣。死党跟这些奸臣捆绑在一起，当然难逃成为贬义词的命运。

至于现代人用的死党一词，则是贬词褒用。汉语中褒词贬用常见，贬词褒用不大常见，但其更具语言张力。除死党外，像齐白石崇拜徐渭、朱耷和吴昌硕，作诗道："我欲九泉为走狗，三家门下转轮来！"走狗是典型的贬义词，白石老人这样写就是贬词褒用，令人印象十分深刻。

（文／张天野）

新千克：穿越大半个宇宙也能称你

1千克有多重？过去一个多世纪以来，一个藏在法国巴黎秘密地下室里的小圆柱体定义着精确的数值。

它和高尔夫球差不多大小，由铂铱合金制成，价值30万元，被玻璃罩子层层密封保存。人们把它命名为国际千克原器（IPK），也有人爱称它为"大K"。其实大K一点儿也不神秘——几乎所有的物理课本中，都能找到它的特写照片。

它波澜不惊地工作了一个多世纪，和存在于世界各地的40个"兄弟"一起，维持着千克这个单位的稳定。直到2018年11月16日，因为"瘦了"50微克，大K不得不宣告退休。

2018年11月16日，第26届国际计量大会通过投票，自2019年5月20日起，千克将基于物理常数普朗克常数计算得到。

对于绝大多数人来说，这个变化带来的直接影响得在小数点后很多个零后面才能体现出来。菜贩不会因此更换秤砣，体重秤上显示的数字也不会有丝毫变化。

但全世界的科学家都在关注这一变革。对他们而言，大K带来的不确定性是不能容忍的。目前国际通行的国际单位制（简称SI）由7个基本单位组成，包括我们生活中常用的米、秒、安培（电流单位）等。由这7个基本单位出发，我们得以度量生产、生活、研究所需的所有量。米和秒定义了速度的单位，力的单位牛顿的定义中包含千克，用电量的单位千瓦时的定义又包含牛顿……

如果作为基石的单位出现问题，这种不精确会逐步累积，动摇我们对整个物理世界的测量。和千克的定义一样，米的定义也曾依赖现实中的物件。1米曾被定义为一根和大K保存在一起的铂铱合金棒上两条刻度线的间距。在更早的过去，1米被定义为地球周长的四千万分之一。直到1983年，米的定义才被改为光在1／299 792 458秒内传播的距离。20世纪60年代，秒的定义也曾由一天的若干分之一，修改为以铯原子电子跃迁频率为基准。

几乎所有单位的定义都经历了这样的过程：最早从人类自身生活经验出发，最后走向标准化。18世纪以前，法国有超过700种不同的测量单位，即使是相邻的村子，同一单位都对应不同的长度。有的地方1土瓦兹等于成人男子展开双臂的长度，有的地方则定义为6皮耶，后来，这个单位又被拿破仑规定等于2米。

历史书中，秦始皇的一大功绩便是统一了度量衡。类似的努力一直延续到今天。

计量学家们希望找到一套普适、稳定、不受地球观念束缚的测量系统。一天的长度会变，合金的质量、长短都有可能会变，但光速、铯原子的基本性质、物理常数是不变的。即使在遥远的银河系另一端，乃至其他星系，新定义下的基本单位仍与地球上的一致。

千克是最后一个还依赖于实体的基本单位。几十年来，科学家面临的是不得不改的局面：大K的质量似乎一直在减轻。

为了保证大K的准确性，官方一开始就制造了6个"副本"，按照同样的规格保存，每隔30年左右对比一次。1946年，人们把大K取出清洁比较时发现，副本们比大K重30微克；到了1992年，这个差值上升到了50微克，大约一片苍蝇翅膀那么重。

　　几个副本的质量同时增加的可能性极低，更可能的解释是，大K的质量在减小。此时距离大K被制造出来才刚过一个世纪。

　　对1千克的物体来说，50微克意味着0.000005%，是几乎无法察觉的差异。可如果我们把它放到对质量很敏感的领域，如制药业，或是精密仪器制造业，这样的误差会直接决定成败。没有人知道为什么大K在丢失质量。人们花了大价钱，选用了最稳定的金属之一，不允许任何人靠近，即使是计量局的工作人员，多数都未曾亲眼见过大K。

　　国际计量局主任米歇尔·斯托克说，这种不确定性是国际计量大会于2011年决定建立新质量标准的重要原因。

　　这20年里，计量学家几乎一刻也没有停过。即使我们有充分的理由抛弃原有的定义，谁又有资格成为大K的继任者呢？

　　选择物理常数是非常自然的想法，但要成为新一代度量衡，测量手段和精度都要满足非常严苛的条件。这项复杂的工作最终由美国、英国、德国、意大利、日本等国的实验室共同完成。一直到2014年，他们才完成初步工作。

　　新的定义需要借助一种叫作基布尔秤的复杂装置，需要两层楼的空间堆放。《自然》（Nature）曾将基布尔秤实验选为2012年最困难的5个物理实验之一，位列寻找希格斯玻色子和探测引力波的实验之后。

　　在2019年的国际计量大会上，摩尔、安培和开尔文的定义也被更新了。1摩尔的数量成为一个固定的数值，不再与质量挂钩。1安培和1卡尔文的大小也不再依赖于测量，完全由基本常数确定。

　　自此，人类首次在基本单位体系中彻底摆脱实物基准，迈向"量子化"时代。

　　会场上，来自60个成员国的代表郑重地说出"yes"或"oui"。大会主持人、法国科学院主席塞巴斯蒂安·坎德尔随后宣布，投票全票通过，"希望世界上其他投票也能有这样的结果"，他的这句调侃引得全场大笑。

这是人类科学史上重要的一天，尽管它与公众并没有太大关系。计量学家已经习惯了这样的默默无闻。

科学技术发展到21世纪，已经很少有人能明白学术前沿的研究到底在做什么，有什么意义。事实上，所有人都在无意识中享受它们给生活带来的便捷。

我们有了越来越便携、性能越来越好的电子产品；定位系统的精度越来越高，无人驾驶已经落地……诺贝尔物理学奖常常垂青与基本单位测量有关的研究，每当人类制造出一台更准的钟、一截更好的标尺、一个更好的温度计，都会催生一些无法预期的新应用。

物理学界一直流传着一句话："把小数点往后挪一位，你就会发现新的真理。"所有科学家都期待着，新的定义能让小数点多移几位。（文/王嘉兴）

怎么利用好我们的大脑

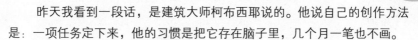

昨天我看到一段话，是建筑大师柯布西耶说的。他说自己的创作方法是：一项任务定下来，他的习惯是把它存在脑子里，几个月一笔也不画。

人的大脑是有独立性的，那是个匣子，要尽可往里面大量存入同问题有关的资料信息，让它们在里面游动、煨煮、发酵。然后到某一天，咔嗒一下，内在的自然创造过程就完成了。你抓过一支铅笔，在纸上画来画去，想法就出来了。

这段话里面有一个很重要的洞察。就是我们的身体，其实是可以分拆开来，做分布式运行的。

记得当年我高考前，老师教我们，打开语文试卷后，第一件事是看作文题，然后再去做前面的题。

虽然你没在做题时思考作文，但是你的大脑并没有闲着，它一直在帮你打腹稿，这不就节省了时间吗？所以你看，我们的身体，是我们最确定掌握的资源，开发它的空间大得很呐。（文/罗振宇）

我们为什么讨厌自己的声音

在用社交软件和别人语音聊天时，会发现自己被录下的声音很陌生，和原先认为的大相径庭；在用唱歌软件录制自己的歌声并上传后，却听到自己的音色和想象中的完全不一样，连忙尴尬地删除。

究竟是什么原因造成了这样的差异呢？我们首先要知道的是，声音的传导主要有两个渠道。

第一个渠道是空气传导。当外界出现嘈杂的声音时，这些声音首先会通过耳朵的外耳道振动鼓膜，再通过鼓膜传导到听觉感受器中，最后通过感受器中的听觉神经将声波信号转换成电信号，传导到大脑皮层，声音就这样被听到了。我们听自己的录音，或者别人听我们的声音，都是通过空气传导。

第二个渠道是骨传导。当我们自己发出声音时，声音会通过中耳的听小骨传递到颅骨，再由颅骨传递到听觉感受器，经听觉神经在大脑皮层感知声音。

我们说话时听到自己的声音，就是通过骨传导被大脑接收的。

空气传导也好，骨传导也罢，究竟哪个声音才是自己最真实的声音呢？

其实，你自己说话时通过骨传导被大脑接收的声音，才是你最本真的声音。声波在固态物质中传递的速度最快，因为固态物质微粒之间的间距比气态和液态物质的小，微粒振动时的能量能够紧密传递下去，所以声波在颅骨中传播的能量不会有太多损失，音调、响度、音色都最接近真实。

而声音在空气中传导时，能量损失较大，因为声波在空气中传递得最慢，振动的能量有很大部分会被空气中的分子吸收，音调、响度、音色都会发生改变。

习惯了自己真实的声音，听到失真的当然会感到厌恶。（文/探索）

五分之一法则和回音室效应

人类对基本的事实性知识的无知究竟到了怎样的程度呢？五分之一——也就是说，会有五分之一的人相信任何愚蠢的消息。

美国《赫芬顿邮报》曾做过一项民意调查，向公众提出一些非常离谱的观念让他们做判断，结果表明，每条都有20%的人盲目相信。太阳绕着地球转——嗯，有五分之一的人相信；外星人会到地球上来绑架儿童——嗯，同样会有五分之一的人相信。

事实性知识极度匮乏，是导致这些人上当受骗的主要原因。知之甚少不可怕，接收到错误的信息也不可怕，无知更不可怕，真正可怕的是，这些人根本没有意识到自己无知。

还有一个现象叫作"回音室效应"。在自媒体兴起之后，我们收到的信息都是根据我们的喜好、兴趣定制的，这导致我们不断接收到一些意见相近的声音。在这种观点单一、相对封闭的信息来源中，我们只能把接收的信息当作真相的全部，并分享出去，再彼此印证这些相似的观点，这个现象被称为回音室效应。（文/杜舒）

遗忘比记住更费脑力

美国研究人员通过神经影像技术发现，遗忘某件事可能比记住它要耗费更多脑力。

得克萨斯大学奥斯汀分校研究人员在新一期美国《神经科学学报》上说，他们向一组健康成年人展示了一系列场景和人脸的图片，指导他们记住或忘记每一张图片，并通过神经影像技术跟踪这些人的大脑活动模式。

研究发现，忘记一次不愉快的经历比记住它需要集中更多的注意力。研究结果不仅证实了人类有能力选择要遗忘的内容，也表明有意遗忘某件事需要大脑感官和知觉区域的"适度"活动，这一活动的水平比记住同一件事要高。

研究人员指出，"适度"的大脑活动对"有意遗忘"至关重要。大脑活动太强会增强记忆，太弱则无法改变记忆。具体而言，想要遗忘这一主观意图首先增加了大脑记忆活动，当这种记忆活动达到"适度"水平时，随后发生的就是遗忘。

"我们可能想要抛弃会引发不良反应的记忆，比如创伤性记忆，以便我们能更好地面对新体验，"负责研究的得克萨斯大学奥斯汀分校心理学助理教授贾罗德·刘易斯-皮科克说，"一旦弄清楚如何削弱记忆并找到控制这一过程的方法，我们就能设计出治疗方案，帮助人们摆脱不想要的记忆。"（文／佚名）

以貌取人居然还有科学依据

别急着攻击以貌取人者肤浅啦，一项新研究表明，外貌和身材会影响一个人的个性、行为，甚至政治态度。对于信奉"颜值即正义"的小伙伴们来说，真是好消息。

前不久，德国哥廷根大学发表了一篇报告称，通过对200多位男性实验参与者的研究，发现身体更强壮的被认为更有男子气概，拥有更大胸肌和肱二头肌的男性，个性也往往更为外向，特别是在更加自信和更加活跃两个维度上。

早前的另一项研究也指出，体格更壮的男生更具有攻击性，同时也没那么神经质，担心和害怕少一点儿。这点很好理解。如果你把个性视为一种适应性策略，身体不够强壮的人，如果谨慎一点儿，对危险警惕性高一点儿，有可能会延长寿命。

而对于身体强壮的人，则有能力承担更多的风险。这点跟动物行为生态学的研究结论是一致的。科研人员发现在很多物种中，动物冒险的倾向会随着身体状态而发生相应变化，比如说体型较大的跳蛛在潜在捕食者面前表现得比小跳蛛更大胆。

科研人员把这定义为"兼性人格校准"，人格的发展会以最适合我们所应对的其他遗传特征的方式表现，包括体形、力量和吸引力等。

而且这种个性跟体格的关联不仅体现在男性身上，加州大学圣塔芭芭拉分校的研究指出，体格和个性的关联在女性中同样存在，只不过男性更为明显。而外表吸引力跟性格外向也是相关的，更具有吸引力的人往往更外向。

今年早些时候两位政治科学家通过对美国、丹麦和委内瑞拉等国的研究发现，更强壮、肌肉更发达的男性更可能反对政治平等主义。研究人员认为，体力似乎也塑造了政治动物（Political Animal）在关键冲突领域的行为。

过去人们倾向于认为个性是由大脑决定的，一个人勇敢还是胆怯，是渣男渣女还是善男信女，是道德和精神层面的东西。但这个颠覆性的研究，则指出个性一定程度上受到体形和外貌影响。当然这一观点也存在不少争议。

何况，人们的审美是一直在变化的，并没有统一的标准。问10个人觉得哪个女明星最美，可能10个人都有不同的答案。前一段时间锥子脸很流行，但看久了韩国医生刀下像流水线工厂一样出来的脸，人们也会审美疲劳。现在人们开始崇尚更有个性的美，各美其美，美美与共。

布鲁塞尔大学的研究发现，在不同地区，人们对外貌吸引力的判断是不一样的。这也不难理解为什么像刘雯、雎晓雯这些外国人认为惊艳的国际超模，常常会被国人吐槽说不好看。（文／小菲）

精确数字让人更愿意埋单

假如有一个朋友说他有急事，需要向你借1000元。你会借给他吗？假如这个朋友向你借的不是1000元，而是1193元呢？

心理学家发现，虽然1193元比1000元更多，却能让人更加心甘情愿地掏腰包。精确的数字，让人更愿意埋单。

康奈尔大学的研究者马诺伊·托马斯和他的团队研究了这个问题。他们分析了2.7万个二手房的交易数据后发现，如果卖家一开始的开价更加精确，例如322万元，而不是300万元，最后的成交价格反而更高。

为什么会出现这种情况呢？

第一，精确的数字让你觉得更可信。1193这个数字看起来不像是一拍脑袋想出来的，因此让人觉得更加有依据，你一定是有某个具体的需求来借钱，而不是忽悠。如果你要卖房子，开价200万元，这会让人觉得这个价格是凭空而来的。如果你这个房子定价213.5万元，听起来就比较靠谱。

事实上，精确的东西更可信，这不但可以用在定价上，还可以用在话语上。

如果有一天你回家很晚，你老婆问你去了哪里，你笼统地说，我在公司加班呢。这听上去就很敷衍，不太可信。如果你精确地说，5点15分快下班时，老板才交给我一个年度报表。做到8点钟交给他，可不到5分钟，他就打电话来要求我修改这个、修改那个，来来回回改了3次。好不容易才通过，我离开公司的时候他还板着脸呢。这样的话听上去就比较可信，起码让人觉得比较有诚意。

也就是说，不但精确的数字更容易让人产生信任感，精确的情节也会让人更加信任。为什么精确的东西更可信呢？那是因为具体的东西更容易在大脑里浮现出来，变成画面。你如果能让对方想象出一幅画面，让他觉得身临其境，他就会更加相信你说的话。

1992年，美国公共利益科学中心发现，电影院里卖的爆米花所含的饱和脂肪太多，会损害健康。一开始他们发布的信息是，"爆米花里的饱和脂肪太多，会损害健康，导致心血管疾病"。可是民众听到这个消息无动于衷，因为这种表述太笼统了。于是公共利益科学中心发布了一条新的信息："一份中份爆米花的饱和脂肪含量比一份培根鸡蛋早餐、一份巨无霸加薯条的午餐和一份牛排晚餐加起来的还要高！"在他们的广告里，还呈现了所有这些不健康食物合在一起的画面。这个画面打动了美国民众，他们联合起来抗议电影院，要求他们改善爆米花的配方。

精确的数字之所以更好，还有第二个原因，那就是精确的数字让人觉得更小。康奈尔大学的研究团队发现，人们觉得精确的价格更便宜，比如523元这个价格，比500元要便宜。你可能觉得难以置信，明明523元比500元要多啊！

如果我问你，大白菜多少钱一斤，你会说两三元一斤吧。但是如果我问你，你们家电视多少钱，你可能会说5000多元。虽然这个电视的价格是5390元，但是你不会记得后面的零头，只会记得前面的数字。因此我们对小的数字反而记得比较精确，但是对大的数字就只能记得一个笼统的数值，电视多少钱你只能精确到千位数，房子多少钱你只能精确到万位数。

这样一来，在我们的记忆里，精确到个位数的价格都比较小。这给我们一个感觉，那就是小的数字才精确，所以当一个数字更精确的时候，反而让我们感觉更便宜。

所以，当你跟老板要求加薪的时候，当你在跟投资人要投资的时候，当你在做预算的时候，这个知识可以帮助你更顺利地要到钱，还可能要到更多的钱。（文／周欣悦）

肚子饿忍了一下，为何就不那么饿了

　　我们大多数时候有这样的体验，在肚子很饿的时候忙于工作或者其他事情，就把吃饭的事情耽搁下来，忍了又忍，事后想起吃饭的时候，发觉并没有那么饿了，为什么会这样呢？科学表明，每个人对味道、温度、饥饿的感觉，其实都是习惯，也就是说，当你习惯了、适应了，结果就不会那么强烈。很饿的时候，忍一忍，反应就会降低。

　　有些人用饥饿法进行减肥，这千万不可取，饥饿会致使器官活动强度降低，如心跳减慢、呼吸浅慢、肌肉活动能力下降、性机能减退，总的物质代谢水平降低，机体基本上维持在生命必需的低水平功能活动上。体重下降率虽然随饥饿时间增长而减少，但并没有比热能消耗下降得多，说明代谢水平下降并不完全因体重下降所致。进一步研究还证明，轻度食物不足也可敏感的影响代谢水平，但不一定出现病理反应，由此可以进一步理解营养对机体发育、健康素质的影响。（文／佚名）

挠痒痒背后的怪诞科学

　　笑似乎是对挠痒痒的一种下意识反应。当你被挠痒痒的时候，你总会咯咯笑，好像刚刚听到了世界上最好笑的笑话。即使它并不是真的令人愉快，你甚至可能恨它的每一秒。事实证明，"挠痒—发笑"机制的根本并不是因为你觉得痒很好笑，其背后的机制要有趣得多。

　　你的皮肤下面躺着成千上万的微小神经末梢，这些神经末梢提醒大脑注意各种触摸。毫无疑问，对于触摸产生的痒感是我们身体的一种保护机制，使我们警惕各种威胁，让我们及时避开可怕的叮咬。可为什么挠痒痒总是会伴随着发笑呢？这个问题困扰了科学家很多年。从社会联系到生存，科学家提供了各种各样的理论来解释"挠痒—发笑"背后的机制。

　　研究表明，被挠痒痒时会激活大脑中触发逃离危险的原始愿望的区域——下丘脑。这使得一些科学家相信，我们对挠痒痒的反应可能是一种原始的防御机制。挠痒时大笑可能是我们向"侵略者"屈服的一种自然信号，它能帮助我们向更强大的人发出不想战斗的信号，以消除紧张的局面，防止我们受到伤害。

　　回忆一下，当有人挠痒痒的时候，你会怎么做？你会努力避开对方，并在试图逃跑的过程中蠕动。科学家通过对婴儿的研究得出结论，虽然婴儿缺乏社交和语言技能，但当他们被挠痒痒时仍会发笑。这是数百种无意识反应中的一种，在这种反射中，我们的大脑凌驾于有意识的决策之上，快速采取行动来保护我们。

不过另一种理论则认为"挠痒—发笑"是父母和孩子最早的交流形式之一，甚至是在语言出现之前，挠痒痒作为一种游戏形式，可以帮助婴儿与父母沟通。

那为什么我们挠自己不会笑？这得归功于我们的小脑。当你试图挠自己的时候，你头脑中负责控制运动的小脑能够发出信号告诉人脑的其他部分，不要对这种刺激给予反应。因此，它不再是你无法控制的东西，不再是一个威胁，这种感觉也就减弱了。因为痒本质上是一种警告，告诉你有东西在接触你身体的敏感区域（如背部、脚或腋窝）。当你的大脑知道源头来自哪里时，它就不会做出反应。

为什么大脑这么做？这可能与感官衰减有关。大脑通过这种过程过滤掉不必要的信息，以便集中精力处理重要的事情。你自己的手指发出的可预测的轻微触觉似乎不值得你的大脑注意，所以你的大脑在它有机会进入你的意识之前就抛弃了它。

历史上，笑刑曾经是一种酷刑。通过将犯人或战俘的手脚捆住，在其脚底涂满蜂蜜或盐水，再让山羊尽兴地舔舐脚底上的美味。结果受刑者奇痒难忍，严重者可因狂笑缺氧窒息而死。所以，挠痒痒还需适度，有时候笑并不意味着开心，它只是人下意识的反射。（文／刘伊盼）

纸沾水后再晾干为什么会变皱

《西游记》中，唐僧师徒4人历尽千辛万苦取回真经，却在回来的路上无意中让经卷全部湿透。天晴晾经书，经书虽然晾干了，但也变得皱皱巴巴，就连孙悟空也抓耳挠腮没办法让经书复原。

究竟是什么原因导致纸张晾干后就不再平整了呢？答案就是，纸张的结构被破坏了。

一般来说，水、甘油、酒精等液体渗透纸张晾干后，水在纸面上造成的褶皱最明显，甘油和酒精次之。从物理学角度讲，这是因为表面张力是液体的基本物理特性之一，所以纸张凹凸不平。表面张力会让液体自身表面收缩到最小趋势，由于表面积最小的形状是球形，因而液体收缩成球。当水洒到纸张上时，会慢慢渗透进纸张纤维形成的毛细管结构中。当纸张上的水分蒸发时，表面张力一聚拢，在纸张表面就会形成一颗颗水珠。这样一来，纸张受力不均，最后就会变得凹凸不平。液体表面张力越大，收缩力就越强，渗入纸张后造成的褶皱也就越大。因为水、甘油、酒精中，水的张力最大，所以渗入水的纸张，晾干时凹凸不平的现象也最明显。酒精的张力较小，所以渗入酒精的纸张，晾干后几乎看不出有什么变化。

从化学角度讲，纸张遇水变皱又和它的成分纤维素有关。纸张烘干成型后，纤维素分子间的排列被固定下来。但当纸张吸入水分后，破坏了原有的纤维素分子排列形式，从而产生褶皱。而且，纸张成型时还可能添加了定型剂等化学物质，纸张在被水浸湿再晾干的过程中，化学物质受到了破坏，也会让纸张出现褶皱。

如果孙悟空知道纸张遇水变皱的原因，恐怕就不会抓耳挠腮了吧。（文／李艳情）

想勇敢就来杯柠檬水

英国萨塞克斯大学一项新研究指出，酸味可能会增加一个人的冒险行为。研究人员认为，患有焦虑症或抑郁症的人或许可从含酸饮食中受益，增加冒险行为以鼓起勇气和陌生人交谈。但如果是以强调安全为守则的职业，如机师，日常饮食中就要试着减少酸性食物的摄取。

该研究强调，酸味并不会导致人们养成鲁莽的冒险习惯，但确实具有调整冒险行为的独特性质，研究人员尚不清楚大脑内发生了什么导致两者产生关联。报道还指出，冒险可能产生负面效果，但对于将冒险当作人生信条的人来说，没有冒险的生命索然无味。英国萨塞克斯大学发布的一项新实验研究表明，无论你这个人本身爱不爱冒险、思维方式有多不同，酸味都会促进个人冒险行为。（文／佚名）

古人与垃圾的 300 回合大战

如果你觉得，垃圾分类这么麻烦，干脆穿越到古代好了，读完这篇文章，希望你还能坚持自己的想法。

环境污染要迁都

古人太难了。还记得《还珠格格》里小燕子当街对对子吗？

上联：花园里，桃花香，荷花香，桂花香，花香花香花花香。小燕子神回复：大街上，人屎臭，猪屎臭，狗屎臭，屎臭屎臭屎屎臭。

当年看到时，我就想：这也太重口味了。时隔多年，看了一些史料，方才发现，小燕子的对子才是真正的写实派。古代的环境问题绝不是什么"明月松间照，清泉石上流"，单单生活垃圾，就足以让一座城市崩溃。

史上最崩溃的一次环境污染是汉代长安，环境污染严重到隋朝建立之初必须迁都。《隋书》上有记载："且汉营此城，将八百岁，水皆成卤，不甚宜人。愿陛下协天人之心，为迁徙之计。"

长安城经历了近800年的风霜，由于人口众多，地势低洼，下水道的污水排不出去，垃圾粪便堆积在一起，使整座城市臭不可闻，就连生活用水都是一股子成傻的垃圾水味儿！

于是，隋朝就把都城迁到了大兴城。虽然大兴城并没有干净到哪儿去，但唯一的优点就是地势高，垃圾粪水能排出去，不至于让老百姓喝垃圾水。

相比"水皆咸卤"的汉长安，《万历野获编》中对明朝开封环境污染的描述更加形象："雨后则中皆粪壤，泥溅腰腹，久晴则风起尘扬，觌面不识。"一到下雨天，地上就全是粪便泥浆，还总会溅到身上，除了裤脚，常常连腰腹上都沾得脏兮兮。若是晴天，只要一刮风，漫天的灰尘全糊脸上，脏到熟人见面都不认识。

而清朝的环境污染堪比大片，《燕京杂记》中记载："人家扫除之物，悉倾于门外，灶烬炉灰，瓷碎瓦屑，堆如山积，街道高于屋者至有丈余，入门则循级而下，如落坑谷。"清朝的老百姓把家里所有的垃圾堆积在街道上，久而久之，垃圾堆竟然比屋子还高！到了清末，京城的排水系统也出了问题，每年开春，有关部门都要组织人员去把沟渠里的垃圾给抠出来，放在街上晒。那酸爽，想想就要吐。

古人活得比我们艰难多了。

敢乱扔垃圾？真的会剁手

若在古代，垃圾不分类、乱扔垃圾，那是大罪，单看惩罚，就够让人闻风丧胆。

《汉书·五行志》："商君执法，弃灰于道者，黥"。

在先秦，乱扔垃圾会被罚墨刑（在脸上刺字），从此乱扔垃圾这件事将伴随终生，这不就变成一个行走的处分决定书了吗？

《韩非子·内储说上》："殷之法，弃灰于公道者断其手"。

商朝的处罚非常简单粗暴：喜欢扔垃圾是吗？直接剁手。

《唐律疏议》："其穿垣出秽污者，杖六十，出水者，勿论。主司不禁，与同罪"。

相比于先秦与商朝，唐代稍微温和点：乱扔垃圾，杖打六十。若执法人员没有及时制止，包庇纵容，那么与扔垃圾的人一起打！

除了严苛的刑法，各个朝代对于垃圾分类也很有想法，尤其是宋朝，为了把垃圾分类处理，还设置了专门的机构：街道司。宋朝的街道司相当于我们这里的环卫局，专业负责街道清扫、疏导积水、整顿市容市貌，为此还收编了数百个环卫工人，专职负责维护城市卫生。宋朝的街道司为了确保垃圾分类准确无误，出现了细化到专人负责城市居民的生活垃圾以及粪便，一对一上门服务的工作。

除了日常的上门服务，还有城市定期排查：每年的新春时节，政府会定期安排环卫工疏通城市沟渠，提前做好雨污分流，以免城市积水；对于道路上的污泥，政府会提前准备好船只，将污泥专门运送到乡村荒凉的地方。

"破烂王"逆袭？垃圾分类做得好

唐朝有个叫裴明礼的"破烂王"，每天都会收到一堆被居民们废弃的生活用品。晚上回家，他会将这些废品分门别类，做好标签，即使是一小块瓦片也坚决不浪费。久而久之，他存下了一笔钱，据说是"万贯家财"。这笔钱成了他创业的第一桶金。裴明礼非常机智，在房价还没涨之前，就投资了房地产：在金光门外，买下了一块荒地。

荒地上都是瓦砾，请人来清理又是一笔开销。裴明礼想了个办法：在地里竖起了一根木杆，上面挂了个筐，让人捡地里的石头瓦砾往筐里投，投中了就给钱。没想到投掷俱乐部生意太好，许多人都来玩，但上百个投掷的人中，仅有一两个投中。很快地里的瓦砾石头就被捡尽。

生命不息，垃圾分类不止。裴明礼又将这块地让人放羊，放羊后，就有了羊粪，土地肥沃了；在等羊粪的同时，裴明礼又将果核撒在了土地里。一年后，裴明礼成了果农，卖水果又让他赚了一笔。紧接着，裴明礼利用手里回收的各种物品，又进行分类，很快又盖起了房子，屋前屋后又安置了蜂箱，养蜂贮蜜。

此时的裴明礼早已成为著名的商人，唐太宗认为此人很有智慧，于是封他为御史，到了唐高宗仪凤二年，裴明礼累迁太常卿，成为九卿之一，人生从此逆袭！（文／金陵小岱）

为什么 2 月份这么短?
怪罗马人咯

即使碰到闰年，2月都是一年中最短的月份。这是一个极其奇怪的设计。

网上流传，奥古斯都（Augustus）好大喜功，从2月挪了一天放在以自己名字命名的8月（August），才造成了现在的局面。这个说法显然并不了解这位恺撒养子兼继任者、原名屋大维、罗马帝国最牛的皇帝，同时也不太了解罗马人。

如果抛开与我们生活、情感联系密切的华夏文明不谈，对现代文明产生深远影响的发明和创造，很多是来自罗马人。比如，罗马的历法演变成了全世界通行的日历。

而这个历法中古怪的2月，要从罗马第一个国王（那还是王政时代）罗慕路斯（Romulus）说起。他最开始设计的日历，严格来说应该是月历，只有10个月。世界各地的古人，不约而同地觉得用月亮的阴晴圆缺记录日期更为直观。中国用阴历月亮历，古罗马人也选择了阴历。但他们的阴历最开始只有10个月，每个月30天或者31天。一共304天，少了61.25天。罗马人的1月依然是从春分前的第一个新月起算。罗马王政时期的第二位国王努马·庞皮里乌斯对此做了大幅度改动。

首先，罗马人觉得双数不好，单数吉利！于是原来是31天的月份依然保留，把所有原来30天的月份都改成了29天。另外每个太阳年，月亮都会玩12次移形换影，那么就应该搞12个月。于是，他增加了两个月：1月和2月。但3月依然是罗马人每年开始的第一个月，中文翻译的"1月"和"2月"是一年中最后两个月……

为了把一年的总天数也规定成一个吉利的单数——355天，努马·庞皮里乌斯增加的1月是29天，2月是28天。但28天不是个偶数吗？心思缜密的努马·庞皮里乌斯设计的February（2月）来源于拉丁语februa（一个净化仪式）。既然自带吉利感，那么28天就28天吧……

355天的月亮历过了不多久就一团混乱。所以罗马人和中国古人一样，都启用了闰月的历法。但平心而论，闰月这个东西还是很麻烦的，而罗马人的闰月还经常被外部因素操弄。

后来，在埃及待了很长一段时间，并且和埃及女王克里奥佩特拉成功传出过绯闻的恺撒觉得，人家埃及人用的太阳历还是挺科学的嘛！于是，从公元46年，恺撒命令废弃阴历改用太阳历，一年365天。这时1月、2月已经成为年历的起始月份，他挑选了一些月份，补足为30天或者31天。由于一年实际是365.242天，所以2月依然保持不动，每4年加一天。（文／欧罗巴）

小心！用微波炉加热葡萄会爆炸

微波炉是人们居家生活的好帮手，它不仅能用来热菜热饭，还能烹饪出不同风味的美食。不过，并不是什么东西都可以放进微波炉加热的，比如两颗紧挨在一起的葡萄。

把两颗紧挨在一起的葡萄放进微波炉加热，不到8秒，微波炉就会爆炸。最近，一位物理学家认真研究了这种现象的原理，他选用了直径在14～20毫米的圆形葡萄，因为凡是这种大小的含盐和含水的物体都有类似风险，比如两颗圣女果、两枚鹌鹑蛋、两颗特别大的蓝莓也会。

用微波炉加热两颗紧挨在一起的葡萄，为什么会爆炸呢？这里需要引入等离子的概念。气态物质接收大量能量后，就会变成等离子体，大自然中的等离子体代表有太阳、闪电、极光、静电火花等。

用过微波炉的人都知道，微波炉加热是不均匀的，总有些特别热的"热点"，热点的具体位置要看微波波长、食物的形状和厚度，以及水、脂肪、糖等极性分子的分布。"两颗紧挨在一起的葡萄"这种形状，配合2.4赫兹的微波炉波长，恰好能造出一个超级热点。微波被困在这两颗葡萄组成的"陷阱"里，最后，球体间的接触点在几毫米的厚度内产生一个极其强大的电场，把集中起来的能量传递给葡萄里天然存在的钠离子和钾离子，于是产生了等离子体，放出耀眼的光芒……

要完成这一壮举，一要有水，二要有盐，三是盐水球的大小很关键。太大的，比如两颗大西红柿，能量比较分散，不能集中成一个足够小的热点；太小的，比如两颗豌豆，内部捕捉到的能量又不够。葡萄不大不小，刚好能造成这种物理奇观。

用微波炉加热单颗葡萄，是不会产生等离子体的，所以如果你只是想尝尝用微波加热后的葡萄是什么味道，还是可以比较安全地做到的。（文／丁敏）

咀嚼口香糖别超过 10 分钟

嗨！好奇心

荷兰格罗宁根大学的一项研究发现，咀嚼一片口香糖，能在10分钟内消除口腔中的1亿个细菌。研究人员要求受测者咀嚼两颗未透露品牌的无糖口香糖，时间为10分钟，然后通过扫描式电子显微镜检查结果。他们发现，从被咀嚼过的口香糖中检测到约1亿个细菌，口腔中的细菌数量明显减少，但随着咀嚼时间超过10分钟，口腔细菌的数量又会回升。研究人员指出，口香糖咀嚼太久会改变其结构，降低"胶"的硬度，进而影响胶对细菌的黏附，最终导致原本被吸附的细菌重新释放出来。他们还表示，该项研究只对"无糖"口香糖进行测试时有效，若咀嚼含糖的口香糖，就只是在"喂养"口腔中的细菌。（文／CC）

古人为什么不造假圣旨

　　造假一事自古就有，但是古人无论怎么造假，有一样东西却无人造假，那就是代表皇帝身份的圣旨。在电视剧中我们时常看到，圣旨一出，乾坤即定。

　　区区一张圣旨，却有极高的效用，按理说造假人应该趋之若鹜，可为什么没有人造假呢？归根结底，是因为仅靠民间技术和资金根本实现不了。

　　圣旨做工精细，制作的方法鲜有人知。圣旨在制作的过程中有很多人进行监督把控，这些人在完工之后都要写上自己的名字。圣旨在使用的过程中，不管是哪个环节出现问题，很容易找到这个环节的负责人，随后便是极其严重的惩罚。

　　我们在电视剧中看到的圣旨，一般由一个太监展开，宣读几句就完了。但这是不符合史实的。历史上真实的圣旨最短的2米，最长的可达5米，宣读时需要3个人完成，两人展开一人读。圣旨并不是单纯的黄色，而是由很多种颜色的丝绸拼接起来。圣旨长而不断、轻柔超薄、颜色不同，造起假来很不容易。

　　圣旨的载体不是纸而是布，需要精工刺绣，在当时纯手工的情况下，一般人根本做不出来。就算由一个群体集体造假，有充足的资金、有高超的技工也不行，因为圣旨必须有的开头4个字"奉天承运"，是在祥云所在位置绣的，而这"奉天承运"4个字的绣法是个机密。

圣旨除了这4个字，上面的祥云和龙都是专人绣的，会这种绣法的人，为宫廷独有且不许出宫，一共不超过5个人，技术秘密相传。圣旨上面盖的玉玺，防伪更多，造假圣旨要把这些人都凑齐，难度可想而知。因此，几乎没有人会去造假圣旨。（文/任万杰）

冥想可改善注意力，延长青壮年专注时间

日前，《自然·人类行为》杂志在线发表的一项小型研究发现，每天进行几分钟的冥想训练，一共训练6周，能够延长健康青壮年集中注意力的时间。

最新研究证实，媒体和技术的多线程任务会影响青壮年的专注力。这会给大脑的决策、记忆及情绪调节等功能带来挑战。

对此，美国加州大学旧金山分校的戴维德·齐格勒、亚当·盖泽雷和同事开发了一款冥想训练App（应用程序），它能够指导使用者在意识到自己心智游移的同时，把注意力集中在自己的呼吸上，并能根据使用者对心智游移的自我报告，适当调整下一轮聚焦试验的时间长度。

研究人员让22名年龄在18~35岁的青壮年每天使用这款冥想训练App几分钟，一共使用6周。经过与对照组的观察后发现，使用这款App的受试者将注意力集中在呼吸上的能力提高了——从一开始的日均20秒，增加到第30天的6分钟。

6周之后，研究人员对这些青壮年单独开展了一到两周的持续注意和工作记忆测试，发现这些训练还带来了更多收益。（文/佚名）

《史记》里的刺客

有人说中国武侠小说的鼻祖，就是《史记》的"刺客列传"，尽管只讲了5个人——曹沫、专诸、豫让、聂政、荆轲。这5位刺客并不以刺杀谋生。比如，曹沫的第一职业是鲁国将军，而其他四位可以说是"士"。

鲁庄公好战，总喜欢发动对邻国齐国的战争，打又打不过，曹沫三战三败，只得割地求和。两国国君在举行签字仪式时，曹沫突然拔出匕首，劫持了齐桓公，逼迫交还刚刚割去的土地。齐桓公惊呆了，这种打不赢就搞绑架的方式以前还真没遇到过。但这个方式真的有效，土地就这样打了个转，又回到了鲁国，曹沫继续做将军。所以，曹沫算不上刺客，只是临时客串。

专诸是吴国人，当时吴国的公子光因为王位问题，想杀堂兄弟吴王僚，就派出了专诸。公子光宴请吴王僚，专诸把匕首藏在鱼腹中，在上菜时一击即中，吴王僚立死，专诸也被吴王左右立杀。

故事讲到这里，就提出了一个关于刺客的重要命题：明明知道刺杀后自己多半也活不了，为什么还愿意？《史记》中对此的交代是，公子光"善客待之"。这种"你对我好，我以死相报"的模式，成为后世刺客的行业标杆。

春秋末期，"士"的阶层兴起，在战国时期达到鼎盛，士以自己的技能为贵族服务。这个新兴阶层很独特，自我认同也很矛盾，"我到底出于社会阶层的哪一层？""我应该有怎样的价值观？"士很焦虑。而刺杀，以一种极端的方式让士看到了实现身份认同和价值的路径。

在《刺客列传》中，司马迁浓墨重彩描写的是后面3位，春秋时期的豫让，战国时期的聂政、荆轲，他们都凭借刺杀而青史留名。

豫让的职业是士，一开始服务于范氏和中行氏，在这两家估计职业发展都不顺利，于是转投智氏。智伯是个不错的老板，可惜运气不好，为赵襄子所杀，头颅还被制成漆器。这让豫让受到很大打击，为了给主公复仇，他用漆涂身，吞炭使哑，伏击桥下，刺杀未遂。执着的他为了完成誓愿，请求拔剑击刺赵襄子的衣服，然后自杀。豫让为历史留下了"士为知己者死"的名言。

魏国人聂政的表现就更加明显。他一开始拒绝替韩国大臣严仲子刺杀韩国国相侠累，理由是还有老母要奉养。等母亲去世，他主动找到严仲子，说我愿意，然后独自冲到大堂，杀了侠累，接着毁容、自杀。这个故事的蹊跷之处在于，聂政为什么要替一个陌生人报仇，连人家给的黄金都没收？能解释得通的原因只有一个，报答知遇之恩。聂政和豫让不同，他没有固定老板，而是一个游士。他在街头卖狗肉的时候，严仲子以礼相待。聂政自觉地用知己来解释这个过程。对无根的游士来说，他需要从与自己交往的上层人士身上，寻找自己的身份定位。

就像专诸刺杀吴王僚的时候，公子光对他说，你死了之后，你的家庭我来照顾，我给你母亲做儿子，等等。公子光的话很有水平，他等于在告诉专诸，你替我行刺，你就会成为和我同阶层的人，这让专诸一下子看到了人生的意义。

荆轲作为刺客这一行的明星，雇主燕太子丹的地位很显赫，行刺对象更是无比尊贵的秦王，堪称那个时代最高层次的一次刺杀。和前面四位刺客不同的是，荆轲不只是为了实现个人价值和群体价值，而到了一个更高的社会价值，毕竟，他是为了六国和苍生，一不小心就要改变历史走向的。

在刺杀前，樊於期和田光就主动献出了生命，为刺杀增加筹码，这让独来独往的刺客行动成了团体作战。再加上临行前，高渐离击筑，荆轲和而歌，一个完整的悲剧英雄形象就有了多感官的塑造。（文／蒋肖斌）

创造力强的人更易记住梦

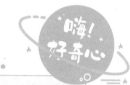

梦这种生理现象一直困扰着哲学家、心理学家和睡眠专家。我们为什么做梦？梦意味着什么？能训练自己记住梦吗？美国"每日健康"网站曾经做出了解答。

早上起床后，有些人能生动地回忆起昨晚的梦境并与别人分享，但到了下午，这些记忆就模糊了；有些人却压根记不住做过什么梦。是否做梦和能否想起梦的内容能反映出睡眠质量的高低吗？美国纽约蒙特菲奥尔医疗中心行为睡眠医学项目主任谢尔比·哈里斯博士认为未必如此。

大多数梦发生在快速眼动睡眠期。如果你记得梦，你可能曾在做梦期间醒来过，所以它在脑海中是新鲜的记忆。如果你的快速眼动睡眠期占到了7小时睡眠的20%（不到一个半小时），你可能只记得最后10分钟生动的梦。回忆起梦取决于许多因素：人们焦虑或抑郁时，会更容易记住自己做的梦，这也许是因为心里不安会让人更多地醒来；某些药物（如部分治疗抑郁症的药物）会影响到深度睡眠的质量，从而导致梦多；睡眠呼吸暂停也会影响做梦时间。此外，瑞士巴塞尔大学研究成果显示，青春期的女孩比男孩更有可能记住梦。这项研究还发现，创造力更强的人，能更多地回忆起梦境。

体内是否有充足的维生素B_6也会影响能否记住梦。澳大利亚阿德莱德大学心理学院的研究者表示，在睡前服用维生素B_6的人更容易记住自己所做的梦。英国斯旺西大学的研究者发现，在上午打盹10分钟也有助于清晰地回忆起梦。这可能是因为短暂的睡眠让大脑有足够的意识，在最后的快速眼动周期中回忆起梦。（编译／王海洋）

憋住的喷嚏去哪儿了

英国《每日邮报》曾报道了一则新闻，有人在喷嚏快要打出来的前1秒，硬生生地把它憋了回去。谁知这个喷嚏的后坐力太强，在他喉咙后方击出了一个洞，导致他不能正常饮食和说话了。

除了"躺着也中枪"的喉咙，胸前的肋骨也可能成为下一个受害者。因为气流穿过喉咙后，会通过气管来到肺部。还有一则新闻说，有一个人因为憋住了喷嚏，过了一段时间后发现不明原因的胸痛，去医院检查后才发现，自己的肋骨被震断了。

你以为憋住了喷嚏，过后又安然无恙，就逃过一劫了？

错了！喷嚏中有很多细菌，被憋住以后，这些小家伙会跑到耳朵里搞破坏，久而久之，就会引起中耳炎。

但这些都不是最严重的。

如果强大的气流冲入鼻窦，会造成毛细血管出血，运气好的话，流点儿鼻血就完事了；运气不好，会引起鼻窦炎，颅内压力升高，脑袋会一直处于疼痛状态。

最极端的后果则是，一个喷嚏产生的气流可以使脑血管破裂，导致中风。

其实，打喷嚏是机体自我保护的一种本能行为。

我们的鼻黏膜上有许多神经细胞，它们非常敏感，一旦有刺激性异物或气体进入鼻孔，神经细胞就会"报警"，向大脑发出信息，利用肌肉收缩，用力向外喷出气体，将异物赶出自己的地盘。这就是我们熟悉的喷嚏了。

打喷嚏不太优雅，憋回去又伤害自己，那么，要怎样优雅地打喷嚏呢？

其实很简单的：拿起一张纸巾，同时有意克制声音的大小，让相当于15级台风的气流和里面的30万细菌落在纸巾上，然后扔进垃圾桶。

这样的姿态，要多优雅就有多优雅。（文／丫丫）

人为什么有两个鼻孔

人只有一根气管，呼吸只需要一个鼻孔不就够了，为什么需要两个鼻孔呢？

首先，人属于两侧对称动物。拥有两只眼睛，我们拥有了立体视觉，能看到物体的准确位置；拥有两只耳朵，我们拥有了立体声，能确定声音的来源位置。两个鼻孔也有类似的作用，能给我们"立体嗅觉"。

鼻孔内的黏膜需要捕捉气味分子，与嗅细胞结合，再通过神经将信息传递给大脑，产生嗅觉。两个鼻孔的气流速度不一样，一个流速快，一个流速慢。美国斯坦福大学的研究员发现，同一种气味分子进入两个鼻孔时，会产生不同的效果，一个鼻孔嗅出的味道较浓，另一个鼻孔嗅出的味道却较淡。

另外，我们在呼吸时，其实主要负责呼吸的只有一个鼻孔，它们是"轮班制"，一个鼻孔工作几个小时后再换另一个鼻孔。这是因为如果两个鼻孔同时呼吸，很快鼻腔黏膜就会变干燥，容易发生感染，交替使用鼻孔能使鼻腔一直保持湿润状态。（文／艾玛·戴维斯）

身体的 20 个冷知识

人类是地球上最复杂的物种，也有许多不可思议的"超能力"和冷知识。

1.我们的肌肉实际上比它们看起来更强大。人的力量通常是有限的，以保护我们的肌腱和肌肉免受伤害。这种限制可以在肾上腺素飙升期间被消除，在这种情况下，有些人可以把巨石甚至是汽车掀起来。

2.女性的卵巢含有近50万个卵细胞，但只有400个有机会创造新的生命。

3.我们人类是这个星球上最好的长跑运动员，比任何四足动物都要好。事实上，几千年前，人类祖先曾经靠奔跑追赶猎物，直到被累死。

4.一个人的所有头发足以承受12吨的重量，以后你可以对别人炫耀自己的头发可以挂两头大象。

5.我们身上的毛发和黑猩猩一样多，但这些细小的绒毛如此精细，以至于看不见。

6.今天构成人体的原子与137亿年前的宇宙大爆炸中形成的原子是相同的。

7.人骨像花岗岩一样坚固，火柴盒大小的一块骨头可以支撑9吨的重量。

8.如果人类的大脑是一台电脑，那么它每秒可以执行3.8万亿次操作。

9.你眼中的聚焦肌肉每天运动10万次左右。这是一个什么概念呢？打个比方，为了让你的腿部肌肉得到同样的锻炼，你需要每天步行80千米。

10.人类是会生物发光的哦，可以在黑暗中发出微弱的光芒。但是这些光很微弱，比我们可以感受的光弱1000倍，需要借助仪器才能看到。

11.一天的时间，你的血液在你的身体里奔流行进了2万千米。

12.我们的大脑连接的神经元看起来与宇宙的结构相似。在某种程度上，我们的大脑仿照宇宙形成。

13.大约90%的细胞不是来自人类本身，人体内所有细菌会繁殖出约100万亿个体细胞，可以说人类主要由真菌和细菌构成。如果没有这些细菌，人类将无法生存。

14.除了5种传统的感觉：听觉、视觉、触觉、嗅觉和味觉之外，人类还有15种其他感觉，包括平衡、温度、痛苦和时间，以及窒息、口渴和满足等内在的感觉。

15.一个人的血液内大约有0.2毫克黄金，其中大部分都在我们的血液中。可悲的是，你需要大约4万人的血液才能收集足够的黄金来制造一个8克的硬币。

16.尽管大脑只占成年人体重的2%左右，但人类大脑仍然占用了全身氧气和热量的20%。

17.有些女性可以比其他人看到更多的颜色。大多数人有3种颜色感受器来体验色觉，而有些女性有4个甚至5个这样的感受器，并且可以看到更多的颜色。

18.你每天大约会产生2万个想法，100亿个神经细胞在一个永不停息的大脑神经网络中相互射击，射速可以达到435km／h。

19.你的大脑有一个内部温度调节器，称为下丘脑，即使改变1℃的温度也会导致下丘脑做出重大调整。当气温升高，你的大脑命令你的血管通过扩张释放热量。当气温降低的时候，它们会收缩以保持热量，汗腺就会关闭。当你身体的核心温度是36℃（低于健康运作温度1.5℃）时，你开始颤抖来产生热能。

20.人类与香蕉共享50%的DNA。不仅如此，人类基因跟狗有95%的基因相似，和黑猩猩的基因有99%相似，和猪有83%相似，和果蝇有79%相似。

（文／狗狗赢）

古人和你说"别来无恙"，其实是嫌弃你

我们现在说起"别来无恙"这个词，多半是问候许久不见的老友，表示关心。

其实，在"别来无恙"这个词刚被发明出来的时候，并没有多少关怀的成分，而是带点儿嫌弃的意思。古人见面的时候互相问候"这位兄弟，别来无恙啊"，更多的意思是"这位兄弟，好久没见你了，你身上没有恙虫吧，可别传染给我啊"。

当然如果你非要理解成"好久不见，你最近身体还好吧，没得恙虫病吧"，也是可以的。

恙虫对现代人来说并不常见，但威力不小。

广东佛山就曾有一则案例。一个女孩子在上山扫墓后，回家发现肩背上出现了一块丘疹，当时也没有在意。一周后她开始反复发烧，最高体温达40℃，最初也只是当成普通的发烧感冒对待。持续高烧不退之后，去医院检查，医生发现丘疹是恙虫病特有的焦痂，按照恙虫病治疗后，这个女孩子才逐渐恢复正常体温。

医生还特地提醒，严重的恙虫病是会致死的。

恙虫病是以恙螨幼虫为媒介传播给人的一种自然疫源性疾病。自然疫源性

疾病这个名词大家听起来可能有点迷糊，举几个简单的例子大家就明白了。狂犬病、鼠疫等由自然界产生的传染源传播给其他动物或人的传染病就叫作自然疫源性疾病。

老祖宗的担忧确实是有道理的。恙虫跟虱子、跳蚤这些比较烦人的寄生虫不太一样，感染了恙虫这种寄生虫是有生命危险的。

感染恙虫病后，发病特征跟普通的发烧感冒非常相似，不少人就把这个病当成普通的反复发烧来对待，症状严重的可能导致死亡。不过除了发热，恙虫病的发病特征跟普通的发热感冒是有很大区别的。恙虫病发病后会产生焦痂或溃疡，不过是不痛不痒的那种，这也是判定恙虫病的一个重要特征；还会有淋巴结肿大、皮疹等症状。

不过大家不必像古人那么担忧，恙虫病和狂犬病类似，人之间相互传染的机会并不大。当然，是在对方身上的恙螨没有爬到你身上的情况下。（文 / 假猫）

挺起腰板，数学成绩好

做数学题没信心？挺起腰板坐好了再试试。美国一项新研究称，挺直脊背保持端坐，对提高数学成绩有一定帮助。研究人员表示，弯腰驼背是一种防御性的姿势，容易触发大脑的负面信息。即使是喜欢做数学题的学生，挺直坐好时的答题效率也高于趴着坐。

研究作者劳伦·梅森说："人们从小学开始就对自己的数学能力有了自我评估。消极的数学科目自我评价有可能会影响孩子的一生。最新研究成果告诉我们，一个简单的体态改变可以帮助我们在压力下做出更好的表现。不仅是数学，音乐家在表演过程中可以因保持良好的姿势而获益，公共演说家和运动员也一样。"（文 / 王猛）

让人欲罢不能的"可乐味"

从1886年发明可口可乐至今，可以说地球上大部分人都喝过它。不过，喝了多年的可乐，要对它的具体味道说出个子丑寅卯来，可能100个人就有100种描述。虽然难以描述，"可乐味"却是大家达成的一致。

那么，究竟什么是"可乐味"呢？其实，可口可乐的英文名"Coca Cola"已经透露了这种饮料的原始配方。这两个单词分别指饮料中曾经出现的两种主要成分：古柯和可乐果。说得再明确一点儿就是，让人们欲罢不能的"可乐味"就是可乐果的味道。

可乐果树又名红可拉，原产于非洲热带地区，是一种浓密的常绿乔木，高约10米。可乐果花腋生，无花瓣，花柄顶端长着星芒状蓇葖果4～5个，长8～10厘米，果皮呈绿色，内含5～9个坚硬的白色种子，把白色种皮剥去，里面是紫红色的种仁，俗称可乐果。可乐果的主要成分为咖啡因及微量可可豆碱、香精油、糖苷、可乐碱。

可乐果长得非常丑，却非常娇气，对生活环境很挑剔。它们喜欢温暖高湿的环境。如果想在略微干燥的地方种植可乐果，就必须用大量的水来灌溉，所以适合种植可乐果的地点不是很多，再加上可乐果本身就有着一种特殊的味道，所以在可乐这种饮料出现之前，可乐果的种植一直局限在西非的小范围内。

可乐果可以直接吃，也可以搭配天堂椒吃。另外，作为药用，可乐果可以治疗百日咳及哮喘，它内含的咖啡因可以作为支气管扩张药。尽管可乐果可以放在嘴里直接咀嚼，但因为含有可卡因、可可碱等成分，所以它的味道就像高配的黑巧克力，苦不堪言！神奇的是，只要你不停地咀嚼，就会越嚼越甜。因为可乐果具有兴奋剂的作用，它可以令人的中枢神经系统及心脏兴奋起来，让人忘记伤病和饥饿所引起的痛楚，甚至产生特殊的愉悦感。所以，可乐果很早就被当地土著居民当作嗜好品来咀嚼了。

在医疗和药物匮乏的年代，人们认为可乐果是让人百病全消的神奇之果，尝试着把可乐果磨成粉混在酒里，结果加了可乐果的葡萄酒成了当时名流的挚爱。维多利亚女王、爱迪生、柯南·道尔等一众名人统统陷入其中，无法自拔。不过，事实证明，可乐果加酒容易让人酒精中毒。于是，美国颁布了禁酒令：不允许在酒里添加可乐果。但人们对可乐果的依赖已经欲罢不能了。阴差阳错的是，有人将可乐果的提取物加到苏打水里，从而产生了风靡全世界的可口可乐。

但随着科学的进一步发展，人们知道了可乐果对人体有成瘾性并可能含有致癌物质。1955年，可口可乐公司全面停止使用可乐果，改用了人工香料及咖啡萃取物代之，也就是俗称的可乐糖浆加二氧化碳。幸运的是，剔除了可乐果的可口可乐依旧是全世界最受欢迎的饮料，因为它的"可乐味"一点儿也没变。

得劲的气泡，清爽的口味，不管世界上爱喝可乐的人排成队可以绕地球多少圈，让人欲罢不能的就是"可乐味"。（文／刘际璇）

古人如果不开心，
一秒变身"吐槽"君

古人在情绪表达方面比我们有趣、高级多了！最简单的，一声"呜呼"透着怅惘无奈，一声"噫吁嚱"表达惊疑慨叹，语调上都自带BGM（背景音乐）。放到今天的朋友圈，这些情绪就成了一句："OMG！（我的天哪！）"

古人也傲娇

在《烛之武退秦师》里，郑伯请烛之武出山，烛之武一句"今老矣，无能为也已"，透着满满的"昨天你对我爱答不理，今天我让你高攀不起"的小情绪。这性子耍的，一方面成功"吐了槽"，另一方面懂得见好就收，上司一认错，立马出差办事去了。

当然，烛之武毕竟是人臣，就算傲娇也得讲究含蓄。但是很多古人傲娇起来根本不按常理出牌。最早如《诗经》，里面有一首《褰裳》："子惠思我，褰裳涉洧。子不我思，岂无他士？"意思是，你要是想我，就渡洧河来找我。你要是不想我，别以为就没人想我！这傲娇又反转的表达，玩的是10万＋"爆文"标题的套路啊！

再如李清照，明明是个"凄凄惨惨"的"人设"，却写了一首《临江仙》：

"谁怜憔悴更凋零。试灯无意思，踏雪没心情。"最后这两句，几乎跟白话文一样，典型的"做啥啥没劲，吃嘛嘛不香"。唯有"试灯"和"踏雪"是今日模仿不来的美事，但这也不妨碍我们在朋友圈化用经典：刷题无意思，背书没心情，还是做实验最有趣。引得语文、化学老师在你的QQ说说下掐架。

手脚并用来发怒

课本里，荆轲怒骂道："今日往而不反者，竖子也！"亚父悲叹："唉！竖子不足与谋！"好像古人生起气来，骂人都是"竖子，竖子"的，表达愤怒的方式真够单调的。其实，古人为了表达愤怒，早就把肢体和语言都用上了。

肢体方面，在《荆轲刺秦王》里就有现成的。荆轲行刺失败，便"倚柱而笑，箕踞以骂……""箕踞"是指两腿张开、坐在地上。要知道，古人的衣饰以长衫为主，且战国时还没有内裤这种"神器"呢。言下之意是，荆轲借这种坐姿来表达轻蔑、愤怒之情。

语言方面，可以用蔑称。热播剧《延禧攻略》里，高贵妃宫斗受挫，还被老爸一通激将。老头子正欲走，贵妃一声大喝："老匹夫，你给我站住！"就是骂她爸"老头子"。《三国演义》里，诸葛亮也骂过王朗："苍髯老贼！皓首匹夫！"把王朗骂得当场气绝身亡。放在今天，诸葛亮必定是《奇葩说》的冠军。也有在称谓上故意占人家便宜的。陆贾跟随刘邦时，劝刘邦要多读书，刘邦骂道："乃公居马上而得之，安事《诗》《书》！"意思是，你爹我是在马背上打仗赢得天下的，读个什么书！可以说相当粗鲁了。

开心时连"呵呵"都动听

苏轼写过一篇《与鲜于子骏书》，里面谈了两件事，一是对鲜于子骏所著诗文的看法，二是介绍自己近来作词的情况。他写道："近却颇作小词，虽无柳七郎风味，亦自是一家。呵呵！"看到这个"呵呵"，你是不是怀疑自己走错了片场，一脸问号？你没看错，这个"呵呵"是苏轼在作完小词后，情不自禁抒发的对作品颇为满意自得的愉悦之情。还好当时不能上网，要不然苏轼这种自带互联网基因的文豪一旦成了"网红"，还能安心写文章吗？

不过，"呵呵"在古代确实存在，唐代韦庄的《菩萨蛮·劝君今夜须沉醉》里也用过："遇酒且呵呵，人生能几何。"这里，"呵呵"读"huohuo"，是得过且过、勉强作乐的意思。

某App大火之后，满大街开始流行"我们一起学猫叫，一起喵喵喵喵喵"，这说到底是现代人的"土味尬舞"。而古人不一样，他们表达欢乐用的是"喜跃抃舞"。这个词出自《列子·汤问》。"抃"是鼓舞的意思，表示人们欢喜地跳跃、鼓掌，又情不自禁地舞蹈，从而忘记了悲伤。这种发乎情、止乎礼的表达，才是真情流露，自然不需要加任何"滤镜"。（文/莫笑君）

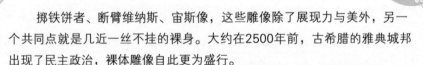

古希腊雕像为何总是一丝不挂

掷铁饼者、断臂维纳斯、宙斯像，这些雕像除了展现力与美外，另一个共同点就是几近一丝不挂的裸身。大约在2500年前，古希腊的雅典城邦出现了民主政治，裸体雕像自此更为盛行。

对古雅典人来说，展示赤裸的身体就是肯定自己身为市民的尊严，而雅典的民主即强调市民之间彼此要能吐露思想，如同男人暴露身体一样，这样的行为能让市民间的联系更紧密。

不过，在古希腊之前，赤裸其实代表着虚弱，意味着战败，是一种身体上的耻辱，从亚述帝国所遗留下来的石版中可发现，敌人被赤裸钉在木桩上，而胜利的亚述人则是穿着衣服。但是，对于古希腊人来说，裸体是英雄的标志。（文/佚名）

生活中的悖论

如果你平时是戴近视眼镜的，可能遇到过这样的问题：一早起来不知道前一天晚上把眼镜放哪儿了，结果很难找，因为你没眼镜戴，啥也看不清楚。想找眼镜的话，你先需要戴着眼镜；要想戴眼镜，你先要找到眼镜……英国华裔数学家郑乐隽在《华尔街日报》的专栏说，还有一些跟找眼镜难题类似的情形：早上起来，你要喝一杯咖啡才有精神做任何事情——包括做一杯咖啡这样的活。更严重的是，一个宽容的人是否应该宽容那些不容异己的人？这些都是因为包含自我指涉而导致的悖论。我还想到一个例子：太饿了以致没力气干任何事情，包括吃饭、减肥（发现有本书叫《吃饱了再减肥》，说得很有道理）。这也是一个困境：饿了需要有吃饭的力气，想要有力气又需要先吃饭。年轻作家都面临一个难题：写出东西拿到稿费有钱才能去买东西，包括购买写作需要的电脑、椅子、参考书。

郑乐隽说，悖论反映了我们的逻辑思维的限度，它们本来对我们的思维形成了一种挑战、一种障碍，但思考如何解决悖论最后推动了数学的进步。比如古希腊哲学家芝诺提出的一系列跟运动有关的悖论，其中一个说，要想从A点到B点，你必须先走完全程的一半，然后再去走剩下的一半，接着是一半的一半……我们要走无限数量的距离，而我们的时间是有限的，所以我们永远走不到。这显然违反我们的常识。为了解决这个悖论，出现了微积分。弄清数学家如何在抽象的问题上避免悖论，有助于我们解决生活中类似的死结。比如，没眼镜的情况下如何找眼镜？你每天睡觉前应该把眼镜放在同一个地方。早上起来没精神做咖啡，怎样才能喝到咖啡？头一天晚上把咖啡机设置好，第二天早上只要启动一下就行了。至于不宽容的人，可以做一个区分：这些人和他们关于其他人的观念，这样你可以宽容这种人，但不需要接受他们的观念。

跟悖论类似的逻辑学问题，还有无穷倒退。比如，美国哲学家杰瑞·福多提出，一个人只有掌握了一种内在的思想的语言，才能学会一种语言。但我们怎样才能掌握思想的语言呢？如果学习任何一种语言，我们都需要已经掌握一种语言，那么学习思想的语言也要已经知道另一种语言，可以称之为前思想语言。但我们怎样学习这种语言呢？我们又要学习它之前的一种语言，如此以至无穷。这叫无穷倒退。这时要想办法把倒退变成有限的，福多说，"思想的语言不是习得的，而是天生的，这样就不会出现如何学习思想语言的问题，倒退到这里就停止了。"（文/贝小戎）

手语是世界通用的吗

嗨！好奇心

中国人讲汉语，英国人讲英语，中国人的手语和英国人的手语有没有区别？中国聋哑人用中国手语，可不可以和英国聋哑人士沟通呢？德国汉堡大学手语系教授表示，聋哑人士在地球多久，手语便存在多久，手语是一代接一代地发展起来的，与所有的自然语言一样，手语也根据其地理位置的分布而有不同变化，就像世界上没有一种完全通行的有声语言一样。例如，在德国，"红色"的手语表达是多次触碰下嘴唇，与国际间惯用的表达不同。（文/佚名）

《诗经》里有个心机女孩

　　《国风·郑风》里有一首诗叫《褰裳》，其诗曰：子惠思我，褰裳涉溱。子不我思，岂无他人？狂童之狂也且！子惠思我，褰裳涉洧。子不我思，岂无他士？狂童之狂也且！

　　诗文可以翻译为：你若真心想着我，跋山涉水来看我。你若心中没有我，自有别人念着我。你有什么好狂的？你若真情爱恋我，千山万水来看我。你若心中忘却我，也有他人爱上我。你有什么好狂的？可以说，《褰裳》讲的是一个早熟的河南姑娘对待爱情的态度。也许她受过伤，也许她见过很多挫折的案例。也有可能，《褰裳》的前一篇《狡童》中的女孩子，就是她隔壁的闺蜜。那个女孩就只会处处为人着想，主动往男人怀里扑，却不被男人待见。以致那个女孩整天抱怨：彼狡童兮，不与我言兮……维子之故，使我不能息兮（你好狠心，竟然不和我说话……你不在我身边，我睡不着啊！）。她过早地打出了底牌，用一颗血淋淋的心乞怜爱情。然而没用，爱情不会因为你可怜而发生。在世俗的规则里，太过热烈的爱情，总是会燃烧太多自己的能量，从而使你变得渺小。你太渺小了，对方往往就仗势欺人。

　　《褰裳》里的女孩子，看到了这些，所以她决定要做万人迷。她才不会像邻家女孩那么傻，为男人省却辛劳奔波和战战兢兢，使他们"得到"的成本变得那么低廉。她看准了，绝大多数的世俗爱情，还是适用市场法则的：价码高自带吸引力。男人大多数时候只选贵的，不选对的。

这位女孩的爱情里，加入了技术上的量化指标，她用"饥饿营销"，引发男人对她价值的重新评估。

她用一项项细化的指标，界定对方爱的程度，即便情况不利好，也能及时抽身，把目光看向别处。

与《狻童》中的女孩相比，《褰裳》女孩是个心机女孩已是确凿无疑的了。她骄傲，她以为她掌控着爱情的一切，从不失控。可是每想到这样的女孩子，我总是心中一凛：情场得势的确够酷，但唯一的问题是，不够爱。相比那些谙熟技巧、事半功倍的爱情，我更崇尚那种没有任何技术含量的以心交心，没有诱惑撩拨，没有利害计算，只有两颗被凡间放逐的灵魂，彼此取暖，一并茁壮，一起枯萎。

这样的爱情可能更稀缺。按照《褰裳》女孩的市场法则，更稀缺的，不是更珍贵吗？可她怎么会那样的满不在乎呢？（文／鹿戈）

臭味食物营养高

有些食物散发出来的臭味让人难以接受，但从健康方面来说，它们却具有很高的营养价值。

臭豆腐乳一直被认为是不健康的食物，其实，豆腐乳含有丰富的氨基酸、植物性乳酸菌和维生素B_2、B_{12}。适当吃些臭豆腐乳可调节肠道菌群，帮助消化。平时可将臭豆腐乳当作调味料，在炒菜时加一点儿。

纳豆是以大豆为原料加入纯菌种发酵而成的，具有溶血栓、降血压的作用。不喜欢纳豆臭味的人可以将其拌在米饭中吃，也可以把它当调料拌在蔬菜和水果中。（文／佚名）

嗨！好奇心

别再被你的大脑欺骗了

很多时候我们对世界有误解，最大的原因并非来自外界，而是我们被自己的大脑欺骗了。我们在认知方面存在本能思维和惯性思维，战胜它们，才能真正理解事物的真相。

1. 一分为二思维。在远古时期，人类为了生存，必须在最短时间内把东西分为能吃的和不能吃的，把动物分为好的和危险的。直到现在，我们对世界的认知，还是会自然停留在"非黑即白"的二元结构中，比如，我们头脑中"发达国家和发展中国家""穷人和富人"之类对立的概念，就是本能的体现。

怎么做：有意识地着眼于整体中的大多数，观察黑白两极间的大片灰色地带。

2. 负面思维假。如有两条新闻"飞机失事"和"飞机安全降落"，你会更关注哪条？大多数人会说前者。这就是人类警惕危险的本能。这种本能，让我们更容易去关注事情坏的一面，忽略事情的全貌。

怎么做：提醒自己更多的坏消息≠更多的坏事情。比如，我告诉你，2016年全世界有420万婴儿死亡，你可能觉得这是一个巨大的数字，非常可怕；但在1950年，这个数字高达1440万。所以一个看上去很吓人的数字，并不意味着就是坏事，背后的真相反而是世界在变好。

3. 恐惧思维。想象一下：你被悬崖边的风景吸引，将身体探出栏杆，突然栏杆剧烈晃动。怎么办？出于本能，你会马上离开。直到今天，我们的恐惧本能，依然会把事情严重化。

怎么做：认清"令人害怕"的东西并不一定危险。真实的风险=危险程度×发生的可能性。当你判断一件事是否危险时，要从这两方面入手。比如，很多人看到空难报道后，会觉得坐飞机不安全。但数据表明，中国各大航空公司飞机失事的概率，平均只有二十万分之一。也就是说，坐飞机出行，安全系数其实相当高。

4. 规模错觉。大脑给我们最大的错觉，就是容易把我们直接听到、看到的东西，作为整个世界的全貌，即注重局部而忽略整体。比如"二战"期间，人们发现幸存的轰炸机中，机翼中弹数远多于机身中弹数。人们天然会觉得应该加固飞机的机翼。

怎么做：不看单一数字，看比例。还是轰炸机的这个例子，想要知道事情真相，你不应该只看幸存机，而是把战斗机总数和返航数进行对比。真相是机翼受损还能返航的比例很高，而机身中弹还能返航的比例，低到近乎为零。所以加固机身对飞机返航作用更大。

5. 单一视角。人类大脑的认知倾向于将问题简单化，当我们有了一个想法，并且发现它能解释很多事时，我们天然会认为所有这类问题都可以这么解决。这种思维本能可以节省大量时间，但也很容易掩盖事情的真相。

怎么做：跨学科学习。单独某一细分领域的学习，很容易让人的思维受困。所以数学、物理学、哲学、心理学等领域的基本理论都应该去学习。此外，你还可以多与那些持有不同意见的人讨论，帮助你更全面地看待事情。

6. 归咎他人。人类进化过程中，最大的生存威胁一般来自外部环境，比如野兽的攻击或是自然灾害。当坏事发生时，这种本能会驱使我们找一个替罪羊来背锅，忽略对事情真相的理解。

怎么做：寻找原因，而不是寻找坏人。当一件坏事发生，你不要立马判断这是谁的错，而是去寻找事情背后的系统性原因。

7. 情急生乱。当我们面对有压力、紧迫感的事件时，第一反应不是用理性去分析，而是直接采取行动。比如，我们看到标题中带有"速看，马上删""震惊"等词语时，情不自禁地就会点开去看。

怎么做：冷静下来，不要立马做决定。比如，购物网站限时打折，时间的紧迫感可能要让你立马下单，这时候可以问问自己，这笔钱还能用来做什么？或者把这笔钱转化为时间——这笔钱相当于我多久的工作？让自己去理性思考这个东西是否值得买。（文／刘雨洁）

脏屋子会让人变胖

　　如果你想在今年变瘦一点儿的话，可能要开始大扫除了。杜克大学的研究人员发现，房屋的灰尘中最多可包含70种能够促进人体脂肪细胞生长的化学物质。

　　这些化学物质被称为内分泌干扰物，也称环境激素。它们最初存在于普通的家用产品中，如洗衣粉、家用清洁剂、油漆等，随着人们的使用而附着在灰尘颗粒上。环境中的内分泌干扰物通过某些途径进入人体后，可以干扰内分泌激素的合成、释放、转运、代谢等途径，从而影响内分泌系统功能，例如，它们会使人体细胞积聚甘油三酯。甘油三酯是一种脂肪，人体内的甘油三酯越多，就会越胖。（文／佚名）

人体是一个奇迹

　　小时候我们精力旺盛，整天乱跑，从高处摔下来也不怎么会受伤，有个伤口愈合得也快，但慢慢身体就会出现各种问题，青春期开始近视、脸上长痘，工作之后腰肢劳损、失眠……好在身体的修复能力也很强。我锻炼几个月后，在健身房做身体素质测试，总的评分增加了一分。教练说，这已经很不错了，因为对于我这样的中年人来说，身体是越来越差的，我的体质却改善了——此言真是让我百感交集。

　　美国作家比尔·布莱森说，人体是一个奇迹，地球上大部分最高明的科技都存在于我们体内。当你在读这篇文章时，你的身体也在忙碌：你的肺要吸入、呼出 300 万亿亿个氧气分子，你的睫毛要为你挡住几千个螨虫。我们每天要眨眼 1.4 万次，相当于醒着的时候有 23 分钟眼睛是闭着的。

　　布莱森说，根据英国皇家化学学会的估算，建造一个身体只需要不到 30 万英镑；2012 年美国科学电视节目"新星"中说，人体的基本组成部分只值 168 美元。就是这样的身体，几十年间每天持续工作 24 个小时，还不需要定期维护或更换零部件。它靠水和一些有机物运行，热情地繁殖自身，能讲笑话，能感受到情感，能欣赏日落。一位骨科医生说："不要试图割腕自杀。手腕中有肌肉、神经、血管，但它一直都可以转动。这一切都包裹在筋膜鞘中，所以很难割到动脉。许多割腕自杀的人都失败了。"

我们又是怎么庆祝这一奇迹的呢？大部分人的庆祝方式是最低限度的锻炼、最大限度地吃。即使我们十分不爱惜身体，它仍然在维持我们的生命。6个吸烟者中有5个不会得肺癌。大部分潜在的心脏病患者都不会心脏病发作。每天有1~5个细胞会癌变，但免疫系统会捕获并消灭它们。表明我们的身体出了状况的只有一点儿疼痛、一阵子消化不良、偶尔的擦伤或长疹子。身体内有8000多种会害死我们的东西，我们会躲过其中的大部分，我们真是每天都该在内心感谢我们的身体。

布莱森说，我们的大脑是宇宙中最神奇的东西，它大约80％的组成部分都是水，其余的是脂肪和蛋白质，却能够思考、创造。我们的身体很奇妙，所以一生中大部分时间你都可以假装自己不会死。但一旦到了 60 多岁，还是要照顾好自己的身体。跟腰疼、消化不良比起来，秃顶几乎算不上什么烦恼。"我们头顶有十几万个毛囊，显然它在不同的人头上是不平等的，平均每天会掉 50 ~ 100 根头发。大约 60％的男性在 50 岁前会秃顶，20％的人30岁前就会秃顶。这大概是因为一种荷尔蒙在我们变老时会发生紊乱，命令毛囊关闭。而可能令你瞠目的是，秃顶已知的一种治疗方法是阉割。也许对待脱发最为积极的态度是，如果中年之后一定要放弃身体的哪个部分，毛囊也许是最合适的选择。毕竟，没人曾死于秃顶。"（文／贝小戎）

其实只有一个状元做过驸马

"状元"称谓来源于古代的科举考试，乡试第一称解元，会试第一称会元，殿试第一才称状元。

从应试的角度讲，古代的状元是名副其实的全国第一，其文才往往备受推崇。古代民间文学和戏剧中也经常围绕状元郎做文章，比如将"洞房花烛"与"金榜题名"挂钩，即中了状元顺理成章地做驸马。一些戏剧中也经常有状元郎被选为驸马的桥段，最著名的当属被冠以"负心郎"之称的陈世美了。然而，现实中并非如此。

"状元"是科举的产物。我国的科举制始于隋大业元年（605年），从唐高祖武德五年（622年）历史上第一位科举状元孙伏伽到清光绪三十年（1904年）产生最后一名状元刘春霖结束，近1300年的科举共产生状元592名（也有说是504人），而真正成为皇帝女婿的状元只有唐会昌三年（843年）的科考第一名郑颢。

唐人裴庭裕史料笔记《东观奏记》卷上载，宣宗三年（849年），唐宣宗李忱让宰相白敏中（白居易堂弟）给"钟爱独异"的长女万寿公主做媒，白敏中选中了状元郑颢。时任翰林学士的郑颢正赴楚州（今江苏淮安）准备迎娶心仪已久的卢家小姐，刚行至郑州，就被白敏中派人快马加鞭强行召回，威逼利诱郑颢答应皇家亲事。而唐宣宗就趁热打铁，让他和万寿公主完婚，拜驸马都尉，使郑颢成为中国历史上第一个也是唯一的状元驸马。

郑颢虽被逼做了驸马，但"不乐国婚"的他一生怒怼大媒人白敏中，痛恨他毁了自己与卢小姐的婚姻，常跑到皇帝岳父面前打白敏中的小报告，弹劾白敏中的折子可装满一大箱子，以致白敏中差点儿死在他手上⋯⋯

为什么状元难成皇帝女婿？除极少像郑颢那样不愿者及清朝"满汉不通婚"等原因，最重要的是过不了年龄这道"坎"。科举成唯一改变读书人命运的渠道后，读书人想入仕，就必须不停地考，考了"秀才"考"举人"，考取"进士"再"殿试"，而进士中的第一名才是所谓的"状元"。一圈考下来，中"进士"者有不少人都胡子拉碴，甚至有人子孙满堂，皇帝总不至于把女儿嫁给"大叔"甚至"爷爷"吧。即便重文轻武的宋朝，有几位20岁出头的年轻人就被钦点为状元，但那时二十一二岁的男人早有妻室。所以，从年龄上看，状元成为驸马的概率就不高，郑颢能成为驸马，实属特例。而小说、戏曲及影视剧中的"状元驸马"，都是文艺工作者的美好想象，也是后人的"想当然"。

皇上选女婿，除了年龄合适、人才出众外，门第也很重要。郑颢是唐朝荥阳（河南郑州境内）人，荥阳郑氏是汉朝至隋唐时期的北方名门望族，郑颢的祖父郑絪是宪宗朝的宰相，酷爱读书，深受敬重。而郑颢高中状元时，年仅26岁，登第后任右拾遗，诏授银青光禄大夫。郑颢"被逼"成驸马后，先是提为驸马都尉，又升为中书舍人、礼部侍郎，地位更加显赫，看上去和万寿公主也就更加"般配"了。（文／赵柒斤）

感冒竟然不是"冻"出来的

　　冬天一到，感冒也就随之而来。感冒，可以说是我们这辈子最常见的疾病了，平均一年下来，感冒个两三回很正常。不过，为什么一到冬天感冒就会大暴发呢？有人肯定会说："这还用问？肯定是冻着了呗。"那么，感冒真的是冻出来的吗？

　　严格来说，在医学上并没有"感冒"这个概念，我们所说的感冒在医学上叫作"上呼吸道感染"。上呼吸道感染就好像一个黑道团伙，包罗了不同派系，其中就包含感冒、扁桃体炎及喉炎等。能够引起上呼吸道感染的病毒和细菌有很多，相比之下病毒更多，有200多种。其中有一个叫鼻病毒的，占据了感冒界的半壁江山。这些飘浮在空气中的病毒和细菌才是让你感冒的"真凶"，寒冷的天气只是个背锅的。

　　看到这儿有人一定会问，感冒既然不是冻出来的，那为什么冬天更容易感冒呢？

　　这就跟免疫力有关了。一般来说，温度越低，机体对病毒的固有免疫应答作用越低。在低温的刺激下，鼻黏膜中的毛细血管收缩、供血量减少，免疫细胞数量也会下降，进入鼻腔的病毒就有更大的概率感染细胞。而且冬天不光冷，还干燥，这就更有利于病毒的生存了。

除此之外，社会因素也对感冒有影响。冬天天气冷，人们喜欢聚集在室内，也不喜欢开窗通风，因此病毒更容易在人群之间传播。不过，虽然寒冷不会直接引发感冒，但你还是应该听妈妈的话，"多穿点儿，别冻着"。最好在平时就养成锻炼身体的好习惯，强壮体魄，让病毒无缝可钻。（文／佚名）

人一直屏住呼吸会怎样

嗨！好奇心

一般来说，人不可能主动憋气到憋死，不论你想不想呼吸，你的身体都会强迫你呼吸。当我们屏住呼吸后，我们的肺部会开始排出其内部的氧气，取而代之的是二氧化碳。经过短暂的憋气，我们的肺部会因为缺氧而开始收缩。此时，我们的身体会对氧气有着强烈的渴求，并开始利用我们血液中的氧气。我们的血压会升高，然后无法再坚持憋气。

如果一个人完全能自主控制一直憋气会怎么样？这无疑会杀死自己。像一些经过特殊训练的潜水员这样的人，能长时间憋气，但是如果时间太长，他们的身体也会需要氧气，如果无法吸入氧气，他们也会死去。

（文／佚名）

Part
3
宇宙说
星空，藏着那么多秘密

《流浪地球》的科学奥秘

2019年年初，科幻电影《流浪地球》收获大量好评，那么，这部电影中哪些说法具有较强的科学基础，哪些说法现在还只是幻想？

引力弹弓：地球搬家动力

依照影片中描述的"流浪地球"计划，人类给地球安装上万座巨大的重元素聚变发动机（被称作行星发动机），推动地球逃离年迈的太阳，飞往最近的恒星比邻星。但地球是个庞然大物，平均半径6371千米，质量超过59万亿亿吨。要让它飞往比邻星，需要脱离太阳引力，只靠人造的发动机还不够，于是电影里让它借助木星的"引力弹弓"。

木星体积约是地球的1300倍，当地球靠近木星时，会被其强大的引力吸引，从而加快行进速度。由于木星也在绕太阳公转，在天体的互相影响下，最后地球会被木星像抛球一般抛出去，从而达到脱离太阳系所需的速度。这就是引力弹弓效应。

在人类的航天征程中，引力弹弓效应的应用已十分广泛。首个进入星际空间的人类探测器"旅行者1号"在飞离太阳系前，就曾多次借助引力弹弓效应；"帕克"太阳探测器也曾7次借助金星的"引力弹弓"而逐渐逼近太阳，最终成为史上最靠近太阳的航天器。

洛希极限：地球超限会解体

影片中，地球由于接近洛希极限，导致行星发动机发生故障，地球即将解体坠入木星，人类面临灭顶之灾。如果一个天体与另一个天体离得太近，以致后者的潮汐力可以将前者撕碎，这个距离就被称作洛希极限。这个距离极限值是由法国天文学家洛希首先计算出的，因此称为洛希极限。

地球与木星之间的洛希极限是科学上可计算的，但让地球靠近木星到如此近的程度，还只能是幻想。

依照电影中的计划，人类原本想要利用木星的引力弹弓效应，如果离得太远的话，就不能借到足够的力，达不到冲出太阳系的速度。太近不行，太远也不行，这个问题需要经过科学家的精确计算，也给了影视作品发挥的空间。

重元素聚变：让石头变燃料

电影中，为了推动地球离开太阳系，人类在地球上建造了上万座重元素聚变发动机，单个发动机通过重元素聚变能够产生150万亿吨的推力。

目前人类已经实现的聚变是氢弹，它利用氢同位素聚变释放出能量，有巨大的威力。但氢弹的能量是爆炸式释放，目前人类还不能实现可控核聚变，即让聚变产生的能量平稳输出，一些相关装置还处于实验阶段。

电影中，行星发动机的燃料不是氢，而是石头。这不是说把石头烧成石灰，而是石头中的重元素发生聚变，从而释放出巨大的能量，推动地球飞出太阳系。这当然只是想象。不过，所谓重元素聚变并不是空想。在宇宙深处有不少恒星"巨无霸"，内部就在进行着重元素聚变。

未来，人类如果能够掌握从重元素聚变中稳定获取能量的技术，或许真能够彻底解决能源问题。（文／佚名）

行星是有气味的

行星气味怎么"嗅"

科幻动画片《飞出个未来》中，休伯特·法恩斯沃斯教授，这位186岁的发明家发明了"嗅测镜"。这种仪器的外观和天文望远镜没有多大差别，用途也没什么区别，都是用于观测天体，只不过天文望远镜用眼睛，而"嗅测镜"用鼻子。在这一集中，主人公弗莱用"嗅测镜"嗅到木星闻起来像草莓，当然这是动画片中的场景，而在现实中，科学家们的确在探测行星的气味，只不过用的可不是"嗅测镜"。想要像动画片中一样，直接嗅到外太空中遥远的其他行星的气味是不大可能的，目前科学家们判断某颗行星的气味靠的是分析目标行星大气中的化学成分，而分析其中的化学成分则需通过光谱分析。

当光波穿过大气时，某些特定波长的光波被大气中特定的分子吸收，使得原本的连续光谱中出现暗线，这种被吸收后的光谱被称为"吸收光谱"。根据吸收光谱，就能判断出哪些光被吸收了，从而分析出大气中含有哪些特定的分子。例如，美国宇航局就根据航天器"卡西尼号"对土卫六的光谱测试判断出土卫六闻起来像汽油。

天王星臭气熏天

而最近，在光谱测试的帮助下，科学家又解决了太阳系的一个谜团。他们借助位于夏威夷的北双子星望远镜对天王星云顶进行了光谱测试，发现天王星闻起来像臭鸡蛋！科学家确定天王星的云顶大气由硫化氢气体组成，而硫化氢正是臭鸡蛋发臭的原因。如果你穿过天王星的大气层，大概会被一股恶臭熏晕。

天王星的大气中是否有硫化氢的存在是一个由来已久的谜题。20世纪90年代，科学家发现天王星大气中似乎含有硫化氢的迹象，但是一直没能成功检测到。天王星一直小心翼翼地藏着它这个大秘密。由于它是太阳系的第七颗行星，离地球实在太远，观测不易。如果我们去月球需要一天的话，那么去天王星就需要20年，你就知道天王星离地球有多远了吧。唯一一个算是拜访过天王星的航天器——美国宇航局1977年发射的"旅行者2号"，在它最接近天王星时，距离天王星的云层顶端仅有8.15万千米，但当时也没能确定天王星大气的成分。这次根据光谱分析，科学家终于揭开了天王星云层顶端的面纱，确认了硫化氢的存在。

借恶臭了解太阳系

确认硫化氢的存在有什么用呢？能使人类更好地了解太阳系的早期。从形成至今，太阳系经历了相当大的变化，其中，行星的位置会发生迁移，这种行星的迁移在太阳系早期演化过程中并不少见。有研究发现，在40亿年前，太阳系演化早期，天王星和海王星的轨道顺序应该是与现在相反的，也就是天王星在太阳系行星中位列第八，海王星则是第七。

除了海王星，天王星有没有与其他行星换过位置呢，比如木星和土星？现在天王星大气中的硫化氢给出的答案是——没有。

太阳系中一共有4颗巨行星：木星、土星、天王星和海王星，前两者为气态巨行星，而后两者为冰巨星。木星和土星的云顶主要是氨，天王星的云顶却是硫化氢。据英国科学家分析，由于硫化氢的凝固点比氨要低得多，而离太阳更远的天体温度更低。在这个温度下，氨已凝固为固体，存在于天体内部。而硫化氢凝固点低，还可以维持气态或液态，飘浮在天体顶部。所以，根据氨和硫化氢的特性，基本可以判断出天王星形成时温度比木星、土星要低，比木星、土星离太阳更远。

现在我们知道，遥远的太空中，有一颗泛着恶臭的冰巨星，你可能会因此对它失去兴趣，但科学家可不会，他们打算在不久之后将一艘宇宙飞船送往这颗闻起来像臭鸡蛋一样的冰巨星，近距离考察它，将它隐藏的秘密一点点挖掘出来。

（文／费度）

冥王星是颗巨彗星

嗨！好奇心

冥王星命途多舛，2006年，它从太阳系九大行星之一被降级为矮行星，而现在，科学家发现，冥王星很可能是颗巨型彗星。

尽管冥王星早已被降级为矮行星，但科学家仍对它兴趣不减，2015年，美国宇航局发射的"新视野号"探测器成功造访冥王星，拍下了这颗星球的图景，收集了它的数据。

最近，美国研究院的科学家结合"新视野号"收集的数据及欧洲航天局探测67P／楚留莫夫－格拉希门克彗星的"罗塞塔号"所收集的数据发现，冥王星冰川内部富含氮元素，其含量大约是10亿颗彗星的总和。科学家认为，冥王星的氮很有可能是"柯伊伯带"的彗星带来的，而冥王星本身，可能是一颗由10亿颗彗星聚集而成的巨型彗星。

冥王星的真正身份到底是什么？由于它离我们实在太远，真正解决这个问题，还需要时间。如果它真的是颗巨型彗星，那么冥王星的身份真是一降再降。（文／佚名）

被陨石砸中？你想太多了

"陪你去看流星雨，落在这地球上……"曾经一曲浪漫的《流星雨》不仅暖化了万千少男少女的心，还让大家知道了落在地球上的流星就是陨石。人们赋予了它美好的意义，深信只要自己被陨石砸中就一定能梦想成真。事实上，想被陨石砸中这一想法，纯属一厢情愿的"想得美"。

在太阳系内，有很多小至沙尘、大至巨砾的碎片，被人们称为流星体，它们是陨石的直接来源。不过，流星体要到达地球成为陨石并不是一件容易的事，它需要经历一系列的考验。在进入地球大气层时，它们会与大气进行一场艰难的搏斗。那些在大气中发出光亮摩擦燃烧殆尽的流星体，就只能成为人们仰望的流星。唯有那些经过千难万险最后落到地球表面的"幸存者"，才被称之为陨石。

科学家们说，地球每天都要接受5万吨来自上天的"礼物"。5万吨？乍一听，人们肯定喜出望外，因为这个数字不小哦。这5万吨犹如天女散花般的"礼物"，会不会因为被祈求而落到自己的肩膀上呢？不要想太多！其实，这5万吨的"礼物"大多数在高空就被燃烧殆尽。即便谁被幸运地"砸"中了，也只会认为是天上掉下来的灰尘。难道地球上每天收到的都是假"礼物"？当然不是。"礼物"肯定是真"礼物"，但是收货地址错了，"礼物"基本上都被送到地球上人迹罕见的地方去了。

不过，有人还是会担心，数量巨大的"礼物"万一给地球人带来飞来横祸呢？为了帮助人们排解这种"杞人忧天"的想法，科学家们精心计算了陨石砸中人的概率。英国的科学家通过将核能反应堆失事的概率与其他各种事故的概率进行对比，其中就包括被陨石砸中的概率，计算得出结论：平均每7000年才会有一个英国人被陨石砸死。同样，加拿大亨茨伯格天体物理研究院的研究者们也根据一系列假设，包括拟定"每个人占地0.2平方米"，探讨了陨石对人类和建筑的伤害频率。他们的计算结果显示：在全世界范围内，每9年会有一个人被陨石击中，而每年有16幢建筑会因陨石撞击而受损。但是因为有些陨石对人和建筑的撞击力太小而从未引起关注。美国天文学家艾伦·哈里斯也通过计算得出结论：一个人一生中被陨石击中的概率约为七十万分之一。

当然，人被陨石击中的事例也确实存在。1991年8月，一块3.6克的陨石碎片曾经光临乌干达的姆巴莱，"亲吻"了一个小男孩的头部。2009年6月，14岁的德国小男孩布兰克与一颗豌豆大小的天外"礼物"擦肩而过。无论怎样，真正被陨石砸中的人屈指可数。相对而言，建筑物及地面物体和这些不速之客打照面的机会更多一点儿。根据加拿大皇家天文学会的统计，截至1990年，陨石与人在1米以内有擦肩记录的事例是4次，而与建筑物直接发生亲密接触的事例是61次。由此可见，人们祈求被陨石砸中的概率不亚于买一张彩票而中了头奖。

看来，陨石作为天外"礼物"确实不是随便就能邂逅的。当然，假如下次在看流星雨的时候，你试着把愿望换成"让陨石落在我身边"，说不定会增加邂逅的概率哦。（文 / 刘既璇）

关于月球的 5 个谬误

关于月球，我们有满月、蓝月、收获月、超级月亮之说，也有许多相关文献。现在，或许是时候揭露一些关于月球的谬误了。

谬误一：月球有永恒黑暗的一面

几乎所有中学生都知道我们只能看到月球的一面。这大致是对的，《月之暗面》是平克·弗洛伊德乐队最负盛名的一张专辑，也是许多人心中亘古不变的事实。

事实上，永远背对着地球的那一面并不比我们所能看见的这一面暗。平时，月球在白天完全被太阳照亮，而晚上就因失去太阳照耀而隐匿起来，就像我们熟悉的模样。人们对月球朝向地球的这一面也有一个误区，那就是我们在地球上只能看到50%的月球。事实上，只有41%的月球永远隐藏于地球观察者的视线范围外，聪明的观察者经过一段时间的观察可以看到59%的月球表面。这是由天平动现象造成的，相对地球而言，月球的轨道发生了轻微改变。

月球天平动现象的产生是因为月球围绕地球的轨道不是一个正圆形而是椭圆形。想象一辆赛车在椭圆形的赛道上，当到达椭圆长轴的两端时，因为运行的角度发生了改变，这辆车经过转角时会稍微失去控制。结果是月球偶尔会在最东边或最西边（以轨道位置决定）更多地暴露自己。因此，在月球的每个运行周期中，从地球的视角来看，我们可以看到大约59%的月球表面。

谬误二：月球是正圆的

在我们眼中，月球是圆形的，所以我们很自然地认为月球是一个球体，表面上的任何一点到其中心的距离都相等。然而并不是这样，实际上它是一个扁球体。看一张木星的图片你会更好地理解这一点。月球展现出来的形状稍微扁一点儿，更重要的是面向地球的这一面比另一面大，这和鸟蛋的形状十分相似。月球并不是正圆的球体，虽然偏差很小，但确实存在。

谬误三：月球是亮白色的

任何看到过满月高挂在夜空中的人都有权相信这个观点。然而，月球既不是光亮的也不是白色的。它在漆黑的夜幕中才呈现出光亮，而通常我们肉眼看到的是白色。记得旧式的白炽灯泡吗？想象一下，在漆黑的夜晚，一个100瓦的灯泡在50米以外的地方闪耀，这个亮度就和满月差不多了。

与亮度相比，颜色就显得次要了。月球本身不发光，但是它反射太阳光。太阳光由所有颜色组成，但是峰值在光谱的黄、绿范围内。太阳高挂天空时看起来是白色的，月球也是如此，因为眼和脑的连接将所有颜色混合在一起。月球的颜色根据月相及在天空中的位置而改变，不过这种改变在我们的肉眼看来十分微小。月球实际上是灰色而不是白色的，就像街道上那些陈旧的沥青一样。

谬误四：月球无引力

月球是有引力的。坦白说，月球无引力这一观点非常荒唐，如果不是有许多人持这个观点，实在是没有提及的必要。如果展示一张阿波罗宇航员在月球上高高跳起或者飘浮在月球空中的照片，一些大学生会回答这是由于月球没有引力造成的。事实上，月球是有引力的，虽然只有地球的1／6。

我认为这个谬误被广为流传可能是因为对引力这个物理词汇的误解。每个物体，无论是太阳、地球、月球、人体还是亚原子粒子，都是有引力的。虽然用像沙粒这样微小的物体去测量你的体重的做法没有实用性，但是引力的确存在并且可以计算出来。甚至光子和其他形式的能量都是有引力的。引力使星系团、银河系、恒星、行星和月球在彼此的轨道中聚在一起。如果每一个物体都不存在引力，那么这个我们知道的宇宙将不复存在。

谬误五：月球造成显著的人体内潮汐

毫无疑问，月球引力是地球海洋中潮汐现象发生的主要原因。太阳也会影响潮汐，但是程度较小。有人以月球影响潮汐这个毋庸置疑的事实来论证月球对人体的影响。然而，将两者相提并论恰好是一个主要的关于引力如何作用于海潮的误解。

简言之，引力取决于两者：质量和距离。当两个参与的主体（如地球和月球）都极大（远远大于人体），并且之间的距离接近时，海潮就会应运而生。月球与地球之间大概相距30个地球的距离，而质量则是地球的1／80。鉴于以上所述，月球可以引起潮汐，通常情况下会使流动的海面上升好几米。

如果人体内潮汐也可以被测量（当然事实上不可能），也只有1米的千万分之一，相当于一张纸厚度的千分之一。这还算是潮汐吗？也许是吧，但是它比高速路上卡车经过你的身边，甚至大街上某个人经过你的身边的影响还要小。

所以月球的引力作用于地球上的海潮，但它对人体的影响是微不足道的。

另外，有人认为女性的月经周期与月球每月绕地运行的规律相关。如果的确如此，不是什么巧合的话，至今应该会有个说法。我们不是说这个联系不存在，而是引力压根儿不影响这事。

所以说，记好啦：月球没有永恒的黑暗面；月球不是正圆的球体；月球是灰色的，像沥青一样，不是亮白；月球是有引力的；月球可能会引起人体的潮汐变化，可是这种变化比你旁边坐的人带给你的影响小很多。（文／丘少燕）

如果地球失氧5秒会怎样

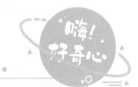

　　氧气不是地球大气中占比最高的气体（占比最高的为氮气），但是最重要的。如果整个地球失氧5秒钟，人类面临的将是一场毁灭性的灾难。

　　白天的天空将变成黑色：太阳发出的光在到达地球表面之前，会与大气中的灰尘、氧气分子以及其他杂质互相碰撞，一部分光被散射开来，所以天空看上去是亮的。没有氧气意味着能与光碰撞的粒子变少了，所以天空会显得很暗，接近于黑色。

　　地壳会破碎：氧元素在地壳中的含量高达48.6％，是地壳中占比最大的化学元素。因此，如果没有氧元素，我们脚下的土地将会破碎甚至崩塌，我们也将自由下坠。

　　所有人都会被晒伤：臭氧会吸收大部分有害的紫外线，阻止它们到达地球的对流层。臭氧完全由氧分子组成，所以如果没有氧，人类就像生活在烤箱里，每个暴露在直射阳光下的人都会被晒伤。

　　海洋和其他水体会散发到外太空：一个水分子是由两个氢原子和一个氧原子组成的。如果没有了氧元素，水将变成氢气。氢是原子量最小的化学元素，它将跑到对流层上部，并逐渐飘到外太空。如果没有氧元素，海洋和其他水体会散发到外太空。

　　人类的耳膜会爆炸：没有氧气，我们将瞬间失去约21％的空气压力，这类似于跳入近2000米深的海底。这会导致耳膜无法适应压力，从而造成气压伤（指的是由于耳内压力与周围环境的压力不相等而对耳膜造成的伤害）。气压伤通常是由于气压突然发生变化造成的。例如，深海潜水或空中旅行，会感到耳膜鼓胀，疼痛万分。没有氧气，我们都会遭受气压伤，而且伤势惨烈——耳膜可能会爆炸。（文／佚名）

行星能有多大

2017年6月，美国哥伦比亚大学的研究人员宣布，他们发现一颗大约是地球质量3000倍的系外行星！这颗行星大得超乎想象，快超出了人们对于天体大小的认知极限，它也使得科学家们开始考虑，在宇宙中最大的行星会有多大？

实际上，这个问题有两个答案，因为这里的"大"有两重含义，质量大或者体积大。

行星质量的极限有多大

我们不妨先讨论下最大质量的行星会有多大。一般来说，行星指的是那些不需要核聚变的天体。在太阳系内，木星是太阳系中最大的行星，它的体积超过地球的1300倍，质量超过太阳系中其他7颗行星质量的总和。而如果一颗行星的质量达到地球质量的4000倍（或木星质量的13倍），其核心产生的热量和压力足以引发氘（氢的一种同位素）的聚变反应，这个行星会被视为褐矮星，而不能再称作行星。

这么说来，最重的行星只能是木星质量的13倍？实际上，一个星球是否会发生核聚变反应，不仅仅取决于其质量，还与这个星球的内部构成元素有关，假如这个星球没有氢元素、氦元素的话，那么就不太容易引发内部核聚变反应。美国普林斯顿大学和亚利桑那大学的研究者最新的研究表明，无论行星由什么样的元素构成，最大的行星质量只能是木星质量的16倍。任何一个行星，如果质量比这一临界值大，那么它将发生核聚变反应，成为一颗恒星。

行星体积的极限有多大

那么，一个行星的最大体积能有多大呢？科学家们认为它也只能有木星那么大。

如果你仔细观察，就会发现即使褐矮星比木星重很多倍，其直径几乎和木星直径差不多，这些天体的直径与木星直径大小相差范围只有约15%。拿Trappist-1A来说，这是一颗表面温度极低的红矮星，只有太阳1/2000的亮度，但它是真正的恒星，它有稳定的、持续的核聚变反应，这一反应将会持续1万亿年甚至更长时间。Trappist-1A的质量是木星的80倍，但直径比木星只大了约1/10。由于其质量大，但体积并不大，所以这颗小恒星有非常高的密度，Trappist-1A的密度大约是木星的60倍，是花岗岩密度的25倍，比铅密度大6倍。更极端的例子是红矮星EBLMj0555-57ab，这颗恒星直径比木星小15%，大约是土星的大小，但其密度是铅的17倍，是水的密度的188倍。

所以，研究者认为木星的直径可能已经接近行星直径的上限。当行星质量很大时，它们的体积就不会变得更大，它们只会在密度上增加，直到最终可以产生核聚变反应，这个时候它们也不再是行星了。

当然事情总会有些例外。有些行星运行轨道距离恒星非常近，表面温度会非常高，体积会膨胀得异常大。比如，KELT-11b就是一颗高膨胀系外行星，它跟木星一样，是一颗超级气态行星，但体积大于木星，半径大约是木星的1.37倍，质量又仅有木星的20%。在距离地球大约335光年外还有一颗HD100546bn行星，其直径大约是木星半径的7倍，这也使得它成为已知最大的行星。不过也有一些人认为这颗行星周围仍然被大量的尘埃和气体包围，可能仍然处于新生阶段，并不能算是真正的行星。（文/雨彤）

太阳系的卫星们都是怎么命名的

太阳系各卫星的名字都有来历，读一遍太阳系卫星列表，简直相当于通读一遍《神谱》，里面藏着无数的典故。让我们一起来了解这些典故吧。

1

水星（Mercury）是离太阳最近的行星，常常淹没在太阳的光辉中。正因为它行踪莫测，"瞻之在前，忽焉在后"，西方认为它是穿着飞靴的神使赫尔墨斯。

2

至于火星（Mars），两颗小卫星虽然已经被认定是由火星的引力"诱拐"而来的小行星，名字倒是用的战神的两个亲儿子：佛伯斯（火卫一）和戴莫斯（火卫二）。

3

金星（Venus）代表的是象征爱与美的女神，它表面的地形也大多以世界各族神话中的女神和历史上特别著名的女性来命名。这里的重点是"各族"，除了古希腊、古罗马、古埃及这些神话大户，还有诸如印加人、霍皮人、丰人、汤加人、乌尔奇人等我们不那么熟悉的民族，也向金星贡献了自家的女神。这颗行星是女性的天下，只有金星上的最高峰——麦克斯韦火山，以英国物理学家詹姆斯·克拉克·麦克斯韦命名。

4

伽利略发现了木星的4颗卫星，打算把它们命名为"美第奇星"，用来向保护和资助自己的美第奇家族致敬，结果没被承认。木星（Jupiter）代表着罗马神话里的众神之王朱庇特，也就是希腊神话里的宙斯。宙斯这家伙在神话里是出了名的贪花好色，因此这4颗大卫星的名字就来自其最有名的4位"绯闻对象"：伊俄（木卫一）是侍奉宙斯妻子赫拉的女祭司，欧罗巴（木卫二）和卡利斯托（木卫四）是被宙斯爱上的人间公主，伽尼梅德（木卫三）则是被宙斯掳到天界的美少年。

按照这个规律，木星的卫星后来都以宙斯的情人或倾慕对象命名，比如生下双子座（德奥古利兄弟）和海伦的斯巴达王后勒达（木卫十三），还有雅典娜的母亲、智慧女神墨提斯（木卫十六）。直到卫星太多，"绯闻对象"不够用了，才把宙斯的女儿们也拎来充数，用来命名木卫三十四以后的那些卫星。

5

如果说木星的卫星系统是宙斯的后宫，那么土星的卫星系统则是巨人一家亲。土星（Saturn）代表的是罗马神话中的农神萨图尔努斯，也就是希腊神话里的宙斯他爹克洛诺斯。他是天空之神乌拉诺斯和大地女神盖亚所生的最小的儿子，宙斯之前的众神领袖。克洛诺斯的兄弟姐妹是第一代泰坦诸神和巨人，因此土星的卫星们多数以希腊神话里的巨人族或泰坦神的名字命名。

6

和前面两大卫星家族华丽的"神仙大会"相比，天王星的卫星命名就比较另类了。一方面是因为天空之神乌拉诺斯是个光杆司令，儿女都跟克洛诺斯跑了，变成了土星的卫星；另一方面天王星和它的头两颗卫星都是英国人发现的，他们决定从英国文学作品中寻找命名的灵感。所以天王星的卫星们主要以威廉·莎士比亚作品里的女主角命名，比如奥布朗（天卫四）和提泰尼娅（天卫三）是《仲夏夜之梦》里的仙王和仙后，米兰达（天卫五）是《暴风雪》里的公爵千金。

7

海王星的卫星家族回归到了神话的怀抱。海王星是罗马神话里的海神涅普顿，相当于希腊神话里的海神波塞冬，所以海王星的卫星们也都是希腊神话里海中的神仙。其中有波塞冬的子女，比如特里同（海卫一）和普罗透斯（海卫八）；也有水中的仙女们，比如淡水中的那伊阿得斯（海卫三）和地中海里的涅瑞伊得斯（海卫二）。（文／刘茜）

宇宙的寿命还有多少年

嗨！好奇心

日本国立天文台、东京大学和美国普林斯顿大学等机构研究人员组成的科研团队发表的一项最新研究称，从暗物质和暗能量的角度分析，宇宙的寿命还有1400亿年。这项研究认为，宇宙中不存在足以引发再度收缩的暗物质和暗能量，会持续膨胀，并在1400亿年后达到无限大，走向终结。目前公认的理论认为，宇宙起源于138亿年前的大爆炸，随后开始膨胀演化。不过，关于宇宙将如何走向终结存在多种假说，包括再度缩成一点的"大坍缩"和膨胀至无限大的"大撕裂"等。研究团队利用天文望远镜观测分析了约1000万个星系的引力透镜效应，对宇宙中暗物质和暗能量的分布进行了迄今最全面的解析，绘制了暗物质的立体空间地图。他们通过一系列计算评估得出结论认为，宇宙的寿命大概还会持续1400亿年。

（文／佚名）

最糟的宇宙，最好的地球

"机遇"号火星探测车

"我快没电了，天色渐暗。"

2018年6月，一场火星尘暴后，美国国家航空航天局（NASA）收到了来自"机遇"号（Opportunity）火星探测车的信息。随后，它与地球失去了联系。

"机遇"号原本设计工作90天，但它带着人类的期盼，独自在遥远的火星辛劳了14年——它是21世纪初火星探测的双子星之一、"子午线平原"的主人、太阳系第一深的陨石坑"维多利亚"的客人、"火星马拉松"的首个完成者、"奋进"陨石坑的征服者……如果换作人，那该是怎样孤独而英勇的一生。

当时，NASA给"机遇"号回复了一首美国经典蓝调《再见，后会有期》。歌里唱着："我们将再次见面／在夏日让人愉快的每一天／去经历明亮鲜艳的一切……当夜晚渐渐来临／我看着那月亮／然后我们将再次见面。"

而下一次见面，或许是在下一个14年。

2018年8月，NASA宣称要用195亿美元在2033年将人类送上火星。但这将是一次有去无回的单程之旅——先不说火星上是否存在不明的危险，抵达火星就需要200天左右，以目前的科技水平，尚无法提供大规模的物资运输，也就无法解决人类自身的生存问题。

不只是火星，太阳系的其他星球也不友好。在月球上，一个穿着宇航服的人只能存活7小时，之后会因氧气不足而死亡；在温度介于−170℃~430℃的水星，人大约只能支撑2分钟；在超高压强的其他星球如天王星、海王星和土星，人1秒钟都活不了。

也就是说，当人类最终冲出地球，首先面临的就是死亡这道铁壁，如科幻作家刘慈欣在《流浪地球》中所说："这墙向上无限高，向下无限深，向左无限远，向右无限远。"

就算解决了在宇宙中的生存难题，人类也可能最终只得到一个"最糟的宇宙"。《三体》系列的第二部《黑暗森林》认为，如果宇宙中有任何文明暴露自己的存在，它将很快被消灭，所以宇宙一片寂静。这个结论被中国读者称为"黑暗森林猜想"。

再退一步说，即使人类顺利进入"太空大航海时代"，实现星际开拓大业，也要面临一个大问题：时间。试想，你坐上一艘巨大的宇宙飞船，踏上"寻找新家园"的奥德赛之旅，在漆黑寂静的太空中飞向一个遥远的目标。出发时，它花了2000年时间加速；路途中，它保持巡航速度行驶了3000年；快到目标星球时，它再用2000年减速。飞船上一代又一代人出生又死去，地球成为上古时代虚无缥缈的梦幻。

而你——星辰宇宙中的蜉蝣，当年对地球投以最后一瞥时，是否意识到自己并非什么高维度的造物主？你一辈子80~100年的寿命，还不够大陆漂移1米。与蜉蝣相比更为不幸的是，你现在就能想象到自己"朝生暮死"的图景。

那么，人类为何总想着逃离地球呢？

"'自己'这个东西是看不见的。人们撞上一些别的什么，反弹回来，才会了解'自己'。"日本设计师山本耀司说的这句话，很适合用来回答这个问题。

1968年12月，"阿波罗8号"上的宇航员威廉·安德斯拍下了地球从月球边缘升起的标志性照片《地出》，这是人类史上第一张能看到地球全貌的照片。安德斯回忆起当时绕行月球的情境时说："这个叫作地球的物体，它是宇宙当中唯一的颜色。"

有学者认为，这张照片点燃了一场大众环境运动。蕾切尔·卡森在彼时出版了《寂静的春天》，联合国则宣布了第一个"地球日"。地球突然开始占据人类的头脑，仿佛我们从司空见惯中突然警醒一样。

安德斯不是唯一一个从太空看到地球而感到惊奇的宇航员。最近在国际空间站上执行"远征19号"任务的巴拉特称，俯瞰地球时让他颇感震撼。他说："毫无疑问，当你从这里俯视地球时，你就会被它的美丽所折服。有两件事你会立刻醒悟，一件是你曾对它有多忽略，另一件是你多么希望能尽最大努力呵护它。"

对这些宇航员来说，住在太空越久，思念人间烟火之情越浓。解决"乡愁"的法子就是在空间站里干一些在地球做的事儿，例如看电影、听音乐、上网、与妻儿通电话，甚至自己种菜，做比萨和蛋糕。1972年，"阿波罗16号"的宇航员查尔斯·杜克在执行第三次，同时也是他最后一次登月任务时，将随身携带的一张全家福照片用塑料膜裹着，放在布满沙砾的月球表面拍照留念。照片里，是他与太太多萝西、两个儿子查尔斯与汤玛斯。

现在，请重新认识一下地球给予我们的种种特权——磁场和大气层对太阳的双层防御、适温气候、一倍的大气压强、重力、食物遍地……这些因素全都刚刚好，你才能够不穿宇航服普普通通地过着每一天。

当然，几分钟后，我们很快就会将这些恩惠忘得一干二净。（文／阿饼）

"天涯海角"何处寻

在太阳系遥远、寒冷、黑暗的边缘——越过岩石行星，超越巨型气团，在比冥王星还要远16亿千米的地方——飘浮着一个神秘的微型冰冻世界。

天文学家将其命名为"天涯海角"。这是一个古老的制图术语，意思是"超越已知的世界"。它处于"柯伊伯带"，那里是太阳系中尚未探索的"第三区"，距离太阳大约65亿公里，里面有数百万个冰冷的小型星体。

尽管"柯伊伯带"中，小型星体数目很多，但从未有星体被如此近距离地观察。美国的两个"旅行者号"探测器，在几十年前曾横穿"第三区"——如果它们配备了合适的仪器，就可能有机会窥探其中之一。不过，那时"柯伊伯带"还未被发现。

相遇

2019年的新年夜，美国航空航天局的探测器，首次与其中的一个神秘太空岩石相遇。

太平洋标准时间晚上9点33分，"新视野号"探测器近距离飞越"天涯海角"。这是人类航天器第一次造访如此遥远的地方——在冥王星外16亿千米。

天文学家几乎完全不知道等待着他们的是什么。"它看起来会像是什么？没人知道。它由什么构成？没人知道。它有环带吗？有卫星吗？有大气层吗？没人知道。但是很快，我们就将打开那份礼物，看看盒子里有什么，并找出答案。"该任务的主要调查员艾伦·斯特恩说。

"新视野号"探测器已经旅行了13年，飞了60多亿千米才到达这里，目前看起来状态良好。任务规划人员早些时候证实，在确定大型物体（如卫星）和较小的物体（如灰尘）不太可能对航天器造成威胁后，决定让"新视野号"在距离"天涯海角"3500千米处飞过，速度超过每小时4900千米。

"快速飞行时，被米粒大小的东西击中，都可能会破坏航天器。"该任务的项目科学家哈尔·韦弗说。

"新视野号"与"天涯海角"的距离，比2015年夏天拍摄冥王星时近3倍。"新视野号"当时拍摄的照片，是迄今为止细节最清晰的照片，其中不仅包括这颗"前行星"的照片，还有外太阳系的照片。

基于"新视野号"与"天涯海角"的距离，它收集的图像更加详细，而且深入太空的"记录"又增加了16亿千米。"冥王星让我们打开了一扇门，"斯特恩说，"但是现在我们要寻找更加原始的东西。"

" 葫芦娃 "

2014年，斯特恩和他的团队使用哈勃太空望远镜，寻找"新视野号"与冥王星短暂相遇后可以前往的地方，然后发现了"天涯海角"。那时，它还没有这个好记的名字，在官方档案里，它叫"2014MU69"。

传回的第一批图片中，"天涯海角"只是一个像素点。在"新视野号"的远程侦察成像仪拍摄的最新图像中，这个星体看起来仍然只是一个斑点海洋中更亮的斑点。

行星科学家阿曼达·赞加里说："当你寻找它时，它看起来到处都留下了痕迹。"她在2018年12月的大部分时间里，都在收集"天涯海角"的位置和亮度测量结果。

"为了看到它，你需要叠加多个图像，计入它们之间的数值，再把行星施加的力去掉。"它只有冥王星直径的百分之一，亮度的万分之一，"天涯海角"是比行星更难以捉摸的"猎物"。

"天涯海角"看起来像一个淡红色的"雪人"，中国网友戏称之为"葫芦娃"。

不管"昵称"是什么，哑铃型的"天涯海角"总长度为31千米，大的球体叫"天涯"，小的球体叫"海角"。

考古探险

"天涯海角"可能非常非常古老。这正是天文学家为能近距离研究它而兴奋的原因。

像"天涯海角"这样的"柯伊伯带"天体，被认为是太阳系形成时的残余物——这些宇宙垃圾在大约46亿年前行星形成之后仍然存在。它们具有"完美"的"考古"价值，天文学家认为，它们在接近绝对零度的温度下保存下来。

美国航空航天局计划让探测器到访"天涯"或者"海角"，绘制其特征，研究其构成，检测其大气层（如果存在），并搜索其卫星和环带——可不仅仅是一次单纯的飞行任务。这是研究宇宙规模和发展的考古探险。

"新视野号"将使用与研究冥王星系统相同的仪器套件，来研究"天涯海角"。3个光学设备将捕获物体的彩色和黑白图像，绘制地形，以及搜索表面散发出的气体。两个光谱仪还将搜索"天涯海角"周围的带电粒子；一台无线电科学仪器将测量表面温度；灰尘计数器将检测行星际尘云的斑点。

钢琴大小的探测器装得满满当当，重量刚刚超过1000磅，而操作其设备所需的电力比一对100瓦灯泡需要的还少。

飞越之后，"新视野号"将继续向前，离开"柯伊伯带"。"第三区"非常广阔，即使以每秒近15千米的速度前行，"新视野号"也需要10年才能穿越"第三区"，进入星际空间。

斯特恩和他的同事将利用这段时间寻找新目标——一个比"天涯海角"离太阳更远的目标，可能披着更加神秘的面纱。这对"新视野号"的团队来说，是一个诱人的前景。

"探访一个你一无所知的地方，"韦弗说，"这就是最好的探险。" （文／sora）

离地球最近的行星是水星

离地球最近的行星是什么？大多数人给出的答案是金星。实际上，在一半的时间里，水星才是离地球最近的行星。

科学家们开发了一个模拟太阳系的程序。在这个程序里，太阳系是一个动态系统，每一颗行星都围绕太阳做循环运动，一个循环为一年。最里面的行星，即水星完成一个循环的时间要比外面的行星短得多，水星的一年只有88个地球日，而在它之外的金星有225个地球日。这意味着，水星、金星和地球都位于一条直线上是很罕见的，它们大多数时候都在太阳的不同方向。

当金星和地球成直线时，金星离地球最近，距离约为414万千米，但这种情况只在很短一段时间内出现，剩下的时间里金星就离地球远得多了，当它正好和地球处于太阳的两个相反方向时，距离可大至2578万千米。而水星位于太阳系最内侧，它和地球最近的距离约为917万千米，最远约为2075万千米。科学家们测量了1万年间行星之间距离的变化后发现，在这1万年里，水星比金星离地球更近的时间达到了50%，剩余的时间则分配给了金星和火星。因此，水星离地球更近。 （文／佚名）

为什么天体大都是球形

宇宙中的星球，似乎都是圆溜溜的球形，这究竟是巧合，还是"神秘力量"的有意为之？这确实是某种"力量"导致的，但这种力量并不神秘，它便是我们随处可见的重力。

由于重力会试图把所有物质都拉向引力的中心，所以物体的质量越大，引力场就越强，物体中的所有原子都会向引力中心靠近，除非被外力阻挡。当物体内部的所有物质都尽可能靠近引力中心，最终导致的结果就是这个物体会成为一个球形。

当我们在建造一栋高楼的时候，为了防止它倒塌，需要非常坚固的地基来对抗引力作用，否则重力将会把高楼"拉下来"。假设一颗行星在诞生之初是一个立方体，我们可以把立方体的各个角看作上万千米的"高层建筑"，由于没有任何地基支撑这些"高层建筑"，所以重力将会把它们拉向行星内部的引力中心，最终立方体的行星就变成了球体行星。

宇宙中数量庞大、飞来飞去的小行星和陨石，却大多并非球形，这是因为这些小型天体体积和质量太小，导致它们的引力不够大，不足以克服其物质机械强度，所以自然无法形成球体。

此外，尽管大型天体都能自己把自己尽量变成球形，但由于它们大多数都沿着轴在自转，所以这些天体实际上也不算最完美的球体。快速自转会使这些天体两极的位置变平、赤道变宽，所以会逐渐成为一个扁球体，比如地球就是这样。

一般而言，球体的势能最小、最稳定，是物体形状中表面积最小的形状，不会因为势能而飞散开去。如果一个物体不是球体，那其表面隆起的地方，势能就比较大，极度不稳定。假设宇宙中出现了一个形状不规则的天体，那么在运动中，其自身各处受到的势能强度也就不同，隆起的地方就会脱离，再因为引力填充到凹处，慢慢地，这个星体最终也会成为近似球体的形状。（文／赵天）

嗨！好奇心

你站在太阳上有多重

太阳表面温度高达5500℃以上，而且是一个巨大的气态星球，这使得任何想要登上太阳的想法都显得荒诞不经。不过，这并不妨碍科学家尝试这样的估算：如果一个人能够站在太阳表面，他的体重会变成多少？

借助一个新方法，研究人员相信他们能够通过对恒星亮度的测量，以不超过4%的误差来确定其地表重力强度。这个技术是由奥地利维也纳大学的托马斯·卡林格领导的一个研究小组与加拿大不列颠哥伦比亚大学的杰米·马修斯合作研究的，被称作"自相关函数时间尺度法"。恒星地表的重力场强度取决于两个变量：恒星的质量和它的半径。而他们所做的，正是帮助科学家更好地对遥远恒星的质量和半径进行估算。借助这种方法，研究人员已经确认，如果一个人站在太阳表面，那么他的体重将是地球上的20倍。

卡林格说："这种方法虽然很简单，却是一个强大的工具，能够被应用于对巡天观测数据的处理，帮助我们加深对恒星特性的了解，并最终引领我们找到宇宙中其他和地球相似的家园。"（文／佚名）

太阳系的"沧海桑田"

根据宇宙的演化理论，科学家一直认为在太阳系形成之初，行星级别的天体并非只有如今的8颗。

近年来，美国国家航空航天局（NASA）的天文物理学家根据太阳系形成模型计算后认为，在海王星的轨道以内，曾有着数百颗行星级别的天体在围绕太阳运行，这些天体的运行轨道不一，有很多都存在重叠现象，因此免不了会发生星体相撞事件。

在这一时期，那些有着合理的轨道，能够平稳运行的行星，一般会成为最后的胜出者。而那些没有规矩，横冲直撞，没有固定轨道，或者轨道为椭圆形的行星等天体，要么最终撞到了太阳上，要么被其他行星兼并，要么被一些大质量行星甩出太阳系。

据天文学家推测，地球在早期也发生过一次大规模的、行星级别的天体撞击，有一颗火星大小的天体撞击了地球。这次撞击直接改变了地球的运行轨道，也改变了地球的自转状态、速度和角动量。据说，月球就是从这次撞击事件中诞生的。

但是更大的变化应当是木星和土星等天体的运行轨道的外移。

天文学家认为，在太阳系形成之初，木星和土星的轨道不可能是现在的位置。因为目前木星轨道上的物质总量不允许形成像它那么大质量的行星，所以木星和土星早期应该很靠近太阳，其现在的质量主要就是形成于太阳附近。但是，后来不知道什么原因，也许是由于天体撞击等，导致木星和土星的轨道发生了外移，渐渐地移动到了如今这样的位置。

天文学家还认为，天王星和海王星这两大天体，早期很可能在木星或土星的内侧，也比较靠近太阳，但是后来受到木星或土星引力的影响，被甩到了它们的轨道之外，所以才成了两颗最外侧的行星。

上述的推测是有一定合理性的，这也说明太阳系开始时的样子和现在大不相同，行星的轨道也并不是从一开始就是现在这个样子，可谓变化极大。（文／李志国）

"宇宙"一词是舶来词吗

嗨！好奇心

我们习惯了用"宇宙"一词来表示整个太空，这听起来似乎是一个现代舶来的词汇。事实上，我国古籍中就开始用这个词了。

最早的是《庄子》中把"宇"定义为各个方向，一切地点；而"宙"表示的是一切不同的具体时间。也就是说，我国古代就用"宇宙"一词来表示时间和空间的统一，后来发展到用其指整个客观存在世界。

"宇宙"一词就和我们常说的"天地乾坤""六合"一样，是地道的本土词汇。（文／佚名）

火星的液态水去哪儿了

对于人类来说，火星是太阳系行星中存在感最强的一个。它和地球有着很多相似的地方，比如变化的四季、明显分布的"五带"、移动的沙丘、大风扬起的沙尘暴等，很多人认为它是一个适合孕育生命的星球。但是，如果不能在火星上找到作为生命之源的液态水，那么火星上存在生物的可能性便会较低。因此，科学家们往火星上发射了火星探测器、着陆器来寻找答案，火星也因人类的不断探索而屡屡上新闻头条，同时，也一次次因一句"有待考究"换来众人的一声叹息。

但这一回，情况有些不同。在火星南极冰盖下，欧洲航天局的"火星快车号"探测器第一次发现了大面积稳定存在的液态水。虽然，这个直径达20千米的湖泊含有大量盐分，不太适合生命生存，但这无疑是火星探索旅程中的重大突破。

在过去的12年里，"火星快车号"的MARSIS（火星地表和电离层探测雷达）雷达系统利用低频雷达脉冲，对火星地下层进行了详尽的测绘。数据显示，每当探测到不同物质的边界，数据的浮动都会特别大。尤其是出现液态水时，探测图像上还会出现与众不同的亮斑。为了找到这些亮斑，2012—2015年，"火星快车号"对火星南极高原进行了29次探测，最终找到了这片"新大陆"。为了进一步确认数据无误，研究人员用了一整年的时间进行数据分析，随后用两年时间排除所有液态水之外的可能性，并且撰写了科学论文。

对于这个发现，有科学家提出一个能够刷爆科学迷们朋友圈的想法：火星的液态水并不仅仅存在于此。

在探索火星的过程中，科学家们发现数十亿年前火星布满液态水。在这种环境中，生命很可能存在。可是，不知道出于什么原因，这些液态水竟然神秘消失了，只留下海洋、湖泊曾经存在的地质痕迹。

一直以来的探索中，每隔一段时间，科学家们都会在火星上找到一些液态水。比如，在"凤凰号"着陆器的着陆腿上，就发现过凝结的露珠；轨道探测器发现了火星表面有液态水正在流动的痕迹，不过，也有研究指出，这些"水"不过是风的恶作剧——那是风把沙尘刮起来留下的印记。

那么问题来了，曾经遍布火星的液态水，现在都去哪儿了？

研究表明，一些水溜到了太空，一些水还匿藏在火星里，以冰的形式冻结在地下。但现在液态水的发现，则说明了并不是所有水都处在冻结状态。

更重要的是，有科学家发现，火星上的这个湖泊跟地球南极、格陵兰岛冰川下发现的湖泊很像。如果在地球环境中，这些湖泊通常会由河道连接在一起，形成类似河流的分支水，并且延伸到冰下广阔的空间中。若是火星上的湖泊也有同样的特点，那么，大量的液态水很可能隐藏在火星深处，孕育着火星上的生命。更有科学家猜测，那片水域孕育的不是崭新的火星生物，而是亘古以来，一直在火星上繁衍生息的生物。换而言之，火星的地底下，也许还藏着一个生机勃勃的地下城。

但是，这个猜想现在还没有得到验证。因为MARSIS雷达的敏感度和分辨度还探索不了火星地底下的情况。从现在的科学技术来看，火星的地底藏着多少液态水，是否存在生命体等问题，需要等待人类的科学技术进一步提高以后，由机器人或人类宇航员进行实地探测才能解决。（文／冯瑜）

为什么太空一片漆黑

设想你正身处太空之中。如果你朝太阳看，它刺眼的光线会让你的视网膜变脆。除了太阳的光亮之外，你周围是一片宁静的黑暗，在黑暗的背景上还点缀着点点寒星。

这样一想，你就知道宇宙有多浩瀚了。你甚至可以认为宇宙是无边无际的，其范围之广已经超出了浩瀚的范畴。既然宇宙没有边际，那你想象一下就知道，在你环视太空的时候，你会看到无数的星星，多得让你眼花缭乱，一颗挨着一颗，没有尽头。

既然你举目四望，满眼都是星星，那么，星星有多亮，夜空不就该有多亮吗？这个问题早就有人想过了，它是由德国天文学家海因里希·威廉·奥尔伯斯提出的。1823年，他对该问题做了表述。现在，我们称之为奥尔伯斯悖论，是以他的名字命名的。当你在聚会上要与人闲聊时可以这样开头："前几天，我正琢磨奥尔伯斯悖论的时候……你是问奥尔伯斯悖论是什么？你不知道？……好，我说给你听听。"这个悖论的内容如下：如果宇宙无边无际、无始无终，且静止不动的话，那不管我们往哪个方向看，都能看到星星。

但从常识来看，事实并非如此。因此，奥尔伯斯在提出悖论的同时也意识到宇宙不可能既无边无际，又永恒不灭，静止不动。它可能具有其中的两个特点，但不会三个都有。20世纪20年代，埃德温·哈勃发现宇宙在动。确切地说，从我们所在的位置来看，各星系正加速飞向四面八方，就好像我们身上有虱子似的。

这就是宇宙大爆炸理论的立足点。这个理论认为，宇宙本是一个小得不能再小的时空奇点，它在某个瞬间迅速膨胀开来。我们的宇宙不是静止的，也不是无始无终的。所以，悖论解开了！

简单地说，宇宙间有很多星星逃逸得很快，还没等我们看见它们的光，它们就已远去了，因此，我们在某些方向上是看不到星星的。这么一解释你就清楚了吧？我们的宇宙大得不可思议，我们不仅惊叹于此，更惊讶于宇宙演化过程之漫长。

综上所述，悖论问题总算有答案了！

但事情没那么简单。大爆炸结束之初，整个宇宙是高温致密的，就像恒星的核一样。又过了几十万年，虚空中闪出了第一道光，此时宇宙中一片光明，像恒星表面一样亮。

如果一直是这样，我们看到的夜空仍该亮得耀眼才对，但事实上不是。原因是，随着宇宙的膨胀，最初的可见光的波长越来越长，逐渐移到了电磁光谱边缘的长波区域，最后可见光变成了微波。这就是宇宙微波背景辐射，我们不管朝哪个方向观察，都能探测到这种辐射。

所以说，奥尔伯斯的直觉还是对的。当你仰望夜空，只能看到黑暗中的点点星光，这就是宇宙扩张造成的。在宇宙膨胀的作用下，可见光的波长变长了，成了人眼看不见的光。但你若用微波望远镜来观察宇宙，你会发现整个星空没有一丝黑暗。

你是否也想到过奥尔伯斯悖论？还有什么悖论令你百思不解？（文／铁文霖）

人类可能永远无法揭开宇宙的谜底

主流观点认为，今天的宇宙空间源于137亿年前的一场大爆炸。那大爆炸之前的宇宙是什么样子呢？大爆炸真是宇宙往复循环中的必需环节吗？

为解开这个超级谜团，天文学家一直试图寻找大爆炸之前的宇宙痕迹，但没有找到答案，并且在研究中催生出解释宇宙演变的新理论——"宇宙大收缩"理论。该理论认为，大宇宙和小细胞具有相似的命运，都会经历孕育、诞生、发展和消亡的过程。我们知道，宇宙自诞生以来一直处于膨胀状态。若干亿年后，当持续的膨胀接近临界值时，宇宙的运行会改为收缩模式。不断的收缩将导致崩塌，当密度与温度达到顶点时，大爆炸再次降临，一个崭新的宇宙又诞生了。

但"宇宙大收缩"理论因缺乏足够的证据，遭到多方质疑，还无法完满自洽。万物总要有一个开头，但若真的有一个开头，开头之前又是什么？或者是什么导致了这个"开头"呢？

虽然现代天体物理学已经认可了黑洞的确存在的观点，但深究起来，仍有难圆其说的尴尬。何为黑洞？"黑洞"很容易让人望文生义地想象成一个天空中的"大黑窟窿"，其实不然。所谓"黑洞"，就是由超大恒星塌缩后形成的一种特殊天体，它的引力场极强，就连光也不能逃脱。

　　说得再详细一点，黑洞这个怪兽从形成那一刻起，便开始吞噬周围的一切。首先是恒星的残余部分，以及恒星周围的一切物质，1秒之内，由黑洞引发的超新星产生的能量比太阳产生的所有能量还多100倍。这种宇宙中最大的超新星被天文学家称为"超超新星"，它爆炸后只剩下一个新生的黑洞，和两束从黑洞中喷向宇宙的毁灭性激光，也就是伽马射线暴。

　　黑洞理论留下的最大的谜团是它的里边究竟是什么，它吞噬的那些物质都去哪里了。按照不久前去世的斯蒂芬·霍金先生的观点，黑洞底部藏着一个名为"奇点"的东西，它是一个一维的点，其中包含了所有掉进黑洞的物质。根据这一令人难以置信的理论，黑洞的底部可能就是宇宙的出生点。不幸的是，我们可能永远也无法证实这些理论，因为任何进入黑洞的生物或物体都会即刻被蒸发。

　　那将是一种什么滋味呢？这可能已经超越了人类目前所有的想象。（文／船舷）

如果人跑得比光速快，还会有影子吗

　　众所周知，人类的运动速度不可能超过光速。在这里，我们可以假设你的移动速度接近光速，在这种情况下，你仍然可能会投下影子。不过以这样的速度跑起来，我们创造的影子可能会表现得有些不寻常。我们都知道，正常情况下，我们在阳光下跑步，不管跑多快，影子都会跟在我们身边，这是因为我们的速度与光速相比太慢。而当我们以接近光速的速度移动时，我们的身体挡住光子，在地面形成影子的瞬间，我们已经跑出离影子一段距离，因此，我们的影子总是会在我们的后面。（文／佚名）

来，一起聆听太阳系交响曲

　　"在太空，没有人能听见你的尖叫。"这是著名科幻电影《异形》的经典宣传语，听到这句话时总让人感到脊背发凉。许多人认为，太空是寂静的，太空里十分渺小的太阳系当然也是无声而荒凉的，你在太阳系其他天体上的求救声会被埋没在太阳系中。

　　但事实果真如此吗？太阳系真的一点儿声音都没有吗？

人如何听到声音

　　在我们熟知的世界里，声音是普遍存在的，无论是风吹树叶，还是鸟叫蝉鸣，抑或是乐队表演，都能发出不一样的声音，而且我们都能听到这些声音。那我们是如何听到这些声音的？

　　要回答这个问题，我们需要先了解声音是如何产生的。当物体发生振动，如我们演奏乐器、拍打桌面时，乐器和桌面会因压力产生振动，这些振动会造成周围空气分子的彼此碰撞，然后发生振动。由于空气分子是接连振动的，分子上下往复运动，看上去就像起起伏伏的波一样，最后就会产生压力波即声波。

　　声波和水波、地震波一样，是一种机械波。要想形成机械波，不仅要有决定机械波频率的振源，也就是波源，还要有特定介质如空气、水和固体等，并且当介质不同时，机械波传播的速度也不同。一般来说，机械波在固体中的传播速度大于液体，液体中的传播速度大于气体。

当声波在介质中传播并接近人类，人的耳郭会收集声波，收集的声波沿着耳道继续进行传播。当声波通过耳道接触到鼓膜时，鼓膜发生振动，引发鼓膜内的听小骨振动，声波被转换为固体振动。紧接着，耳蜗接收这种振动，并将这种振动转换为神经冲动。神经冲动传导进大脑皮层的听觉区域。经过大脑的处理，人就能听到声音。

用电磁波听声音

由此看来，如果没有介质，即便物体发生振动，声波也无法传播，也就无法产生声音。因此，很多人认为，由于太阳系中没有像空气那样的特定介质，所以也就没有声音。

实际上这样的想法有点狭隘。当我们谈到声音，总是只想起需要介质传播的声波产生的声音，如彼此交谈时通过空气传播进彼此大脑的声音，但是有很多声音并不需要通过介质传播，比如我们可以通过无线广播，听到来自千里之外的广播电台主持人的声音，这些声音就是通过电磁波传播的。

电磁波包含了无线电波、红外线、可见光、紫外线、X射线等种类。它和声波不是一类波，而且不能被人耳直接听到。虽然电磁波不像声波，可以直接让人们听到声音，但电磁波也有着声波没有的特性——可以在太空中传播。

我们知道，太空其实并不是严格意义上的真空，相反，太空中有很多带能量的粒子，这些粒子在天体电磁场的影响下会产生波动，并以电磁波的方式传播，而不同的电磁场环境下，产生的电磁波的频率等信息也不一样。也就是说，每个天体可能都会产生带有自己独特信息的电磁波。

这些携带特殊信息的电磁波吸引了科学家们的注意。科学家们认为，可以用宇宙射线捕捉器捕捉这些电磁波，并将电磁波携带的信息传送回地球，进行研究。

当然，前文也提到，即使这些电磁波一直萦绕在我们耳边，人类也不能直接通过这些电磁波听到声音，因此带回地球的数据还需要用特殊仪器，调试成人类可以听得见的声音。所以我们听到的天体声音，实际上是这些电磁波经过调试，转换过来的声音。

千奇百怪的天体"曲风"

由于每个天体产生的电磁波信息都不一样，被转换过后的天体"曲风"也是千奇百怪的。

在太阳系这个如此庞大的"交响乐队"中，声音最大的"乐器"应当来自太阳系的中心——太阳。太阳看上去是如此热情和火辣，它的声音却低沉有力，有时还会发出有节奏的类似击鼓的声音，这可能是太阳上的核聚变带来的电磁辐射转换成的声音。

相较之下，金星的"曲风"要比太阳的音调稍高一点儿。金星转换出的声音像是寺庙的钟声，悠扬而绵长；又像是比较沉闷的火车鸣笛声，类似于"呜呜呜"的声音。

地球最好的兄弟——火星，它的声音就像大风刮过铁门锁住的怪兽，大风刮过的强烈声响，加上怪兽反复撞击铁门的声音，使得火星听上去像是一个地处荒凉地带的怪兽监狱。

土星则是最佳的恐怖片"配乐"。它那高亢的声调像是持续又刺耳的尖叫，听着土星的声音就像在观看一部经典鬼片，它巨大的土星环和刺耳的惨叫声让人不禁想起被恐怖片支配的恐惧场景，令人不寒而栗……

科技的发展使得我们不再局限于地球上多种多样的声音，我们已经可以聆听太阳系"交响乐队"带来的"交响曲"，它既嘈杂又奇特。也许在不久之后，我们可以聆听整个宇宙的声音。（文／唐黛）

走，去太空挖金子

一颗小行星从地球上空掠过，一艘飞船飞速发射一根锚链，钉在小行星表面。随后，飞船降落，在人工智能的指挥下，机械臂开始采矿……去太空挖金子？没错。太空淘金故事，正在科学研究和科幻故事的模糊界限上开展。

有一颗名为2016H03的小行星，是人类目前找到的除月亮之外最稳定的地球准卫星。如果运气足够好，它甚至会是太空采矿的第一站。

中国已正式启动针对这颗小行星的探测，未来3年，就会有探测器飞往2016H03，并带着小行星样本返回地球，虽然希望渺茫，但至少冒险已经开始。这次的征途不是海洋，而是太空，寻找的是铂金、钻石、钴、铑、铱等贵金属，以及同样珍贵的水资源。

早在2017年，高盛集团就发布了一份重磅报告，着重强调未来20年太空经济的行业规模将增长至万亿美元。不久的未来，人们也许会在小行星开发矿产资源。

不过，小行星采矿没有听起来那么简单，这是一个太长远且复杂的项目，首先要找到有开采价值的小行星，分析它的构成；其次是讨论具体的采矿技术，如何开采和利用；最后要考虑的就是成本和收益。

但高盛集团认为，大多数人都高估了从事这项活动的技术难度和资金成本。

事实上，日本的隼鸟2号已经抵达小行星"龙宫"进行探测。

NASA的探测器也已抵达Bennu小行星，并检测到含水的黏土矿物。

除了这些国家主导的大工程，现在全世界已经有大约30家商业公司开展行星采矿事业。

事实上，近地小行星是离我们最近的太空资源库。已发现的小行星"龙宫"由大量的镍、铁、钴和水构成，价值约950亿美元。

小行星2011UW-158，含有的铂金或许比地球上已探明的铂金矿加起来都多。

资金需求也不是想象中的天文数字。有创业者预计，小型公司需要几轮融资，第一轮只需要几万元。时间上也不见得遥不可及，有院士预计，10年内，我国就能开展小行星采矿的示范性工程。

据估算，带回来价值10亿美元的资源，正好需要10亿美元的投入。这意味着，如何控制成本，使得太空采矿成为可行的商业模式，成了最大的问题。好在商业航天的发展正在让控制成本成为可能，马斯克的SpaceX将让火箭发射至少便宜到十分之一。

商业开采公司的操作方式是，把小行星采矿拆解为"找—探—落—采—返"5个步骤。目前，他们还停留在找的环节。一家名为"起源太空"的公司计划发射3颗不同波段的空间观测卫星，希望通过数据分析，找到性价比最高的小行星，在合适的运行轨迹上，把资源开采回来。那将是太空中最低垂的果实，等待被人摘取。

比起太空旅游、空间站等商业航天市场，太空矿物资源开发利用或许更为基础。小行星上矿物资源难以想象地丰富，都是还原型的，无须脱氧冶炼出金属物质，更不会对地球造成污染。

然而，我们不能过分乐观。

目前，人类对小行星还仅仅停留在零星的无人探测阶段，大规模开采和利用还停留在技术讨论阶段。这件事，比人类登陆火星更为遥远。

"身为智慧生命种群的一分子，帮助这个种群，在宇宙的尺度走出去一小步。"这是那些商业开采公司创业者的伟大梦想。

根据俄罗斯天文学家尼古拉·卡尔达合夫提出的定义文明的3个层次，人类的文明可以粗暴地划分为3种：I型文明——可以利用这颗行星上所有的能源，Ⅱ型文明——可以利用它们所在星系里那颗恒星的所有资源，Ⅲ型文明——可以控制整个星系并且利用其中的所有资源。

如果人类文明不想被困死在地球上，发展成Ⅱ型文明是必需的路径。就如奇点大学创始人彼得·戴曼迪斯所说，没有小行星采矿业就会失去太空探险的经济动力，那样的话，人类永远不可能真正意义上走出地球。（文／劳骏晶）

金星为何如此明亮

嗨！好奇心

金星是天空中除太阳和月亮以外最亮的星，人们常常称它为"太白星"或"太白金星"。由于金星是一颗行星，而不是恒星，所以它的光亮并不来自天体的内部。金星如此明亮是因为包裹金星的大气层的反射能力极强。在数十亿年的时间里，由于"失控的温室效应"现象，金星表面异常的火山活动导致大气层非常稠密，同时金星的云层中包含大量的硫酸和酸性晶体，光线能够轻而易举地从这些晶体的表面反射出去，金星能够反射照射到它表面70%的太阳光。相比之下，月球其实只反射10%的太阳光，但是因为它更靠近地球，所以在我们看来，月球更亮。（文／克里斯·史宾）

用一根头发来衡量宇宙

"天地玄黄，宇宙洪荒"是中国传统启蒙读物《千字文》的第一句，"洪荒"这个说法挺模糊的，那么宇宙究竟有多大呢？目前，科学家研究的结论是，可观测宇宙的直径约为930亿光年。这有多少米呢？1后面加上27个零。这个概念虽然远远超乎我们的想象，不过不要紧，就像定海神针经过多次缩小后可以变成孙悟空手中的兵器一样，设想我们身高不变，然后将宇宙一步一步地按比例缩小，930亿光年也能成为我们可以感知的距离。

比如，头发的直径是0.1毫米。让我们设想一下，把一个身高1.8米的男子缩小到一根头发的直径，那么世界将缩小18 000倍。

这样一计算，陆地上最高的动物长颈鹿只有0.3毫米，马拉松相当于2.3米，地球直径约700米。这是第一次缩小。

接下来，我们在这个基础上再缩小18 000倍。这时，马拉松的长度相当于现实世界中一根头发的直径，地球和太阳的直径分别相当于0.04米和4.3米，直径分别为9 700万千米、15.5亿千米的参宿七和参宿四各自相当于300米和4 000米，而整个宇宙则相当于290光年。

290光年？对于我们来说这个距离还是过于遥远，让我们再进行第三次压缩，将世界再缩小18 000倍。这时，太阳的直径相当于两根头发摞在一起的直径，地球距太阳2.6厘米。在这个阶段，1光年相当于1 600米。

继续设想在第三次缩小的基础上把宇宙再压缩18 000倍，于是乎，整个太阳系相当于现实世界中一根头发的直径，马头星云相当于0.2米，猎户座星云相当于2米，直径为20万光年、太阳系每2.5亿年绕其运行一圈的银河系则相当于10千米。

这时候宇宙还是挺大，让我们再把宇宙"瘦身"18 000倍。这时，直径16光年的猎户座相当于现实世界的一根头发的直径。银河系的直径为0.64米，仙女座星系直径为0.8米，两者相距11米远，40亿年后它俩会撞在一起，逐渐合并成一个更大的星系。以银河系为圆心的25米范围内，属于本星系群，含有大约50个星系。再向外300米范围内，属于本超星系团，它的核心部分至少有2500个星系团和星系群。整个宇宙相当于500千米。

500千米？庐山还没有露出它的真面目。不要紧，我们把宇宙再压缩18 000倍，这时宇宙直径约27.7米，和标准长度为28米的篮球场长度相当，这就是我们可以感知的范围。

我们赖以生存的地球在这个空间里只相当于现实世界中质子的万分之一，渺小得不值一提。银河系此时相当于35微米，比我们熟知的现实世界中的PM2.5的悬浮颗粒大14倍，还不及一根头发的直径。这个篮球场的每一粒尘埃就相当于一个星系，总数达2万亿个。这些尘埃并非均匀分布，而是呈脑电图状，有的地方多，有的地方几乎没有。那些看似空空如也的地方其实并非真空，那里充满暗物质。虽然我们看不见暗物质，也无法探测它们，但是因为星系之间存在着明显的引力，所以科学家推测暗物质大量存在，并且它们是宇宙物质的主要组成部分，占宇宙总质量的85%。

现在终于能够一窥宇宙的全貌了，这让我们非常激动，禁不住深吸一口气。就在这一呼一吸之间，无数的星系在我们的肺里进进出出。来到这个篮球场中，怎能不打一场篮球赛？

那么，我们手中的篮球直径会是多少呢？答案是大约8亿光年。

这就是我们神奇的宇宙，形象的解释能让我们更好地感受它的魅力。

（文／赵君鹏）

人造地球卫星是第一个飞到太空的人造物吗

人造地球卫星1号是苏联在1957年10月4日发射的第一颗人造卫星。它是第一个绕地球轨道运行的人造物体，我们会想当然地认为，这颗人造卫星就是第一个飞到太空的人造物，但事实并非如此。

在这里，我们需要先了解一下什么是"太空"。太空简单来说就是地球大气层之外的宇宙空间。但是事实上，地球最外层大气处于向外飘散的状态，因此地球大气层和之外的宇宙空间没有明确的界限。近年来，科学家们通常以人造卫星最低的轨道高度极限100～110千米之外的区域称为太空。

早在第二次世界大战期间，就有数以千计的人造物飞过地球与太空的边界，它们就是德国研制的V-2导弹。这种导弹的最大飞行高度超过100千米，不过它们并不绕地球飞行，而是沿着抛物线短暂运动后回到地面。虽然在二战中，V-2导弹夺去了许多人的生命，但是在战后，V-2导弹的技术被用于运载火箭，为推动人类的太空事业做出了重要贡献。（文／佚名）

冥王星：太阳系的"留级生"

冥王星距离太阳十分遥远，因此接收到的太阳光芒十分微弱，就算是面向太阳的地方温度也很低，大概在−238℃~−218℃之间。冥王星的直径仅2300千米，公转一周却需要248年。从冥王星被发现到现在，它只绕太阳转了三分之一圈。

1930年2月18日，美国洛顾尔天文台年仅24岁的天文学家克莱德·汤博第一个发现了冥王星。在之后的很多年里，冥王星一直与太阳系其他行星并称为"九大行星"。然而，在2006年8月24日布拉格国际天文学联合大会上，它却被"降级"为矮行星，这是为什么呢？

在冥王星被发现初期，由于距离上太过遥远，人类对于它的了解还很少，就算是通过大型天文望远镜，也只能观察到一个小小的光点。天文学家只知道它绕太阳一周大概需要250年的时间，还误以为它的体积比地球更大，因此将其命名为大行星。然而，经过几十年的深入探索，天文学家发现它的直径其实只有2300千米，甚至没有月球大，等人类真正确认冥王星的大小之后，"冥王星是大行星"已经被大多数人接受，并且被写进了教科书。

在2006年的国际天文联合会上，天文学家对行星下了全新的定义，其标准也更加严格了。为此，国际天文联合会做出重大决定，将冥王星归为矮行星，从大行星中做出"降级"处理。这样，太阳系就只剩下八大行星，而不再是原来的九大行星了。

冥王星拥有5颗天然卫星，其中个头最大的卫星是冥卫一，它的直径约有1200千米，超过冥王星直径的一半，质量是冥王星的1/10。

冥王星与冥卫一的距离约为19740千米，相当于地球与月球距离的1/20。冥卫一环绕冥王星公转一圈的时间为6天9小时17分，这正好和冥王星的自转周期是一样的。还有另外一个"巧合"，那就是冥卫一的公转轨道正好与冥王星的赤道平面相互重合，这就使得冥卫一永远都固定在冥王星赤道上空的某一点，既不会下落也不会上升，就像地球赤道上空的同步人造卫星一样。在整个太阳系中，像冥卫一这样的天体同步卫星是绝无仅有的，而且冥卫一总是以同一面对着冥王星，就像两个人面对面跳舞一样，谁也看不到谁的后脑勺，这在整个太阳系中也是独一无二的。

无论从哪一方面来看冥卫一，它都和冥王星相差无几，因此它们看起来并不像"行星与卫星"的关系，而更像兄弟一样的"双行星系统"。当然，现在我们只能说它们是"双矮行星系统"了。

2016年3月4日，美国航天局发射的"新视野号"探测器发现了冥王星上的奇异景象——在冥王星上也存在一些高山，而在高山的峰顶，居然也覆盖着皑皑"白雪"。

天文学家指出，在冥王星的一个深色区域，有一条绵延420千米的巨大山脉，山顶上可以明显看到充满异星风情的冰雪奇景。这些"冰雪"是如何形成的呢？原来，冥王星的大气中含有大量的甲烷，它们冷凝后会降落在山顶，从而变成皑皑的"冰雪"。而这些物质只出现在高大山脉的峰顶，说明甲烷像地球大气中的水那样，会在纬度较高的地区结成"冰雪"。不过，发现冥王星上的山脉及"冰雪"，也让天文学家感到十分惊讶。（文／苏园）

Part
4

读心术

!!!

大家的心思，我们帮你猜

颜值经济学

在《复仇者联盟》系列电影中，饰演美国队长的克里斯·埃文斯是一个大帅哥。由于颜值很高，他演的电影"吸粉"无数，其片酬自然也水涨船高。对于演员这类需要在公众面前抛头露面的职业，毫不奇怪，高颜值意味着高生产率与高收入。高颜值者很可能会主动选择演员、模特、公关等职业，结果帅哥美女在这些职业中扎堆。但天下所有的高颜值者绝不会全都进入"看脸"行业。那么，其他职业是否存在收入随颜值而看涨的现象呢？

一直研究外貌与收入关系的美国经济学家丹尼尔·哈默迈什给出了肯定的回答。他发现，与颜值处于平均水准的人相比，颜值更高者大约多挣5%，而颜值更低者大约少挣10%。他把这两个数字分别称为美貌溢价与丑陋罚金。类似的研究是，《经济学（季刊）》2013年发表的一篇名为《中国劳动力市场中的"美貌经济学"：身材重要吗？》的学术论文，江求川与张克中这两位作者发现，对于处于中等收入阶层的中国女性，身材偏胖会导致工资下降10%左右。

为了保证不同颜值者在其他方面具有可比性，上述两个研究除了剔除人们所从事行业的差异，还剔除了人们在健康水平、婚姻状态、受教育水平等方面的差异，而这是很重要的。原因是，颜值与健康水平、婚姻状态、受教育水平等变量存在相关性——皮肤和头发状况、身材体重等或许暗示了一个人的健康水平；高颜值者更容易成为婚配对象；有研究发现，身体的对称性与智商测试成绩具有密切关系，而智商与受教育水平存在正相关性。如果不对这些变量加以控制，那么颜值对收入的贡献就会混杂这些干扰变量对收入的影响，从而产生偏差。顺便补充一句，大量研究发现，至少对于男性，结婚有利于收入增长，此即劳动经济学中的"工资婚姻溢价"。

如何解释这些研究发现呢？总结起来，主要有三种观点：第一，颜值是其他能力的信号。颜值除了取决于遗传这类个人不可控的因素，也与言谈举止、"衣品"、健身等个人可以控制的因素相关。那些具有魅力形象的人可能很有想法，也很自律，从而也更容易在工作中取得成功；第二，高颜值为个体创造了更好的社交环境，有利于培养乐观、积极、自信的人格品质，进而有助于获取更多的社会资源；第三，外貌歧视。

奥斯卡·王尔德曾说："只有肤浅的人才不会以貌取人。"这是一句俏皮话，但在某种程度上揭示了一种真相：以貌取人是人的天性。当然，如果外貌真的具有重要的信号作用，那么外貌歧视就具有统计歧视的性质，含有理性成分。但不幸的是，统计歧视可能发展为刻板印象，让低颜值者受到无谓的伤害。好消息是，市场经济越具有竞争性，越能够矫正对外貌的歧视——若用较低的工资雇用那些生产力较高但外貌受到歧视的人将产生成本优势，则每一个追求利润最大化的企业都会竞相雇用低颜值者，进而将抬高他们的工资。（文／文翰）

为什么我们喜欢和自己相似的人

我们究竟更喜欢和自己性格相似的人还是性格互补的人呢？一项发表在《社会和个人关系》杂志上的研究指出，在刚开始接触时，我们会更喜欢和自己相似的人。

研究人员邀请了174名之前互不相识的本科生成对地进行交流。在见面之前，学生们完成了一份关于他们性格和喜好的问卷。然后，研究人员向他们提供了互动伙伴完成的问卷答案，让他们了解对方的性格和喜好，但事实上，这些问卷答案都是研究人员虚构的。

实验结果显示，人们更喜欢和自己有着更多共同点的互动伙伴。

有趣的是，这些相似性，取决于参加实验的人自己的感知，而不是问卷提供的虚假答案。

研究人员进一步调查总结，我们之所以容易喜欢和自己相似的人，主要有以下五种心理原因。

第一，我们在和观点相似的人交流时，会对自己更有信心。

如果你喜欢爵士音乐，那么和爵士乐爱好者聊天会让你相信喜欢爵士乐是对的，甚至可能是一种美德。

第二，我们通常对自己的评价比较正面，因此，如果我们了解到一个人与自己有共同点，这会让我们对他有比较好的第一印象。

第三，被人喜欢的确定性。

我们常常会假设，和我们有很多共同点的人更有可能喜欢我们。

第四，有趣和愉快的互动。

当你和对方有很多共同点时，和他聊天互动会更有趣。

第五，自我成长的机会。研究表明，和相似的人交往，我们更容易从对方那里获得新的知识和经验。

研究人员补充，这项研究有助于我们理解，为什么相似性可以让人们在刚接触时对彼此印象良好，但是，相似性在长期关系中的重要性还有待研究。（文／罗辑思维）

为何有人觉得香菜"臭"

嗨！好奇心

人们对香菜的评价两极分化非常严重：有人认为它拥有令人愉悦的香味，有人却觉得它恶臭无比。香菜的拉丁学名最早起源于古希腊语，据说就借用了当地一种臭虫的名字。东亚人厌恶香菜人群占比高达21%，欧洲和非洲也分别有17%和14%的人表示厌恶这种食材，而在香菜的起源地中东地区，仅仅有3%的人厌恶香菜。对于香菜的爱憎分明或许可以从基因层面加以解释，科学家发现，香菜厌恶者和普通人相比有一个很重要的基因不同。在人类11号染色体上有一段嗅觉受体基因"OR6A2"，这段基因会参与人体对气味的感觉感知，并对香菜特殊味道的来源——醛类物质特别敏感。在"OR6A2"上有着两段等位基因的人会更倾向于讨厌香菜，这很可能是因为出现了基因变异。这种变异能使人们对醛类物质异常敏感，可以更强烈地感知到这种特殊气味，以致觉得其闻起来像是肥皂。（文／佚名）

为何总感觉自己最倒霉

我们常常见到这样的人，整天像祥林嫂一样抱怨：我怎么这么倒霉？

生活为什么对我不公平？为什么别人都活得光鲜亮丽而我不行？仿佛他是天底下最不幸的人。

其实，不要说别人，在我们每个人内心深处，都会有一些不如人的感慨，这是人生常态，要不然，生活的抱怨也不会如此之多。可问题是，为什么大家都感觉自己那么不幸呢？

为了弄清楚这个问题，英国心理学家泰勒做了这样一个心理实验。

泰勒让两名男生A和B面对面地进行一段对话，然后，安排6个人分别坐在A和B的周围，其中的两人C和D分别坐在两名对话者的两侧，他们可以清楚地看到两名对话者；另外两位观察者A1和A2分别坐在A对话者的左右后方，他们可以看到A的背面以及B的正脸；还有两位观察者B1和B2分别坐在B对话者的左右后方，他们可以看到B的背面以及A的正脸。

在6轮对话结束之后，泰勒要这些观察者说出，在对话过程中谁是最具有影响力的，虽然这6名观察者看到的是同一场对话，答案却不相同。

观察者B1和B2认为角色A更有影响力，在谈话中处于主导地位；而观察者A1

和A2认为角色B更有影响力,在谈话中处于主导地位;至于观察者C和D,则认为两个人的影响力差不多。这个实验告诉我们,在每一个人眼中,他们看得最清楚的人最有影响力。

泰勒由此认识到,在通常情况下,你关注到什么,什么就是最重要的。

泰勒的实验验证了心理学上一个重要的观点,即我们注意到的信息往往成为我们最为重要的信息。因此,在现实生活中,当我们只会盯着自己的遭遇,而不会去关注别人的不幸,这样,我们自然就会觉得自己是世界上那个最倒霉的人了。

可让人感到疑惑的是,为什么我们只对自己的不幸深有体会,而看不到别人的不幸和遭遇呢?

这恐怕得归功于心理学上所说的"当事人/旁观者差异"。

这种观念认为,在观察别人的行为时,人们习惯于做性格上的归纳,即别人遭遇困难是因为他人品差;而在解释自己的行为时则更注重情境因素,即自己遭遇不幸是因为老天不公。这样,别人倒霉是罪有应得,而自己倒霉则是天妒英才。

有了这种思想观念,我们就更感觉自己委屈了。

面对这种心理,心理学专家提醒我们,人们不应该总把眼睛盯住自己的痛苦和不幸,要多看看别人的遭遇,同时要保持乐观的心态,这样才不至于在挫折面前怨天尤人,感觉自己是世界上最倒霉的人。(文/张向辉)

见到有困难的人，
不愿出手相救的心理原因

在地铁中或马路上见到有困难的老人，其实每个人心里都想去帮他们一把。可是，真正采取行动的人却很少。难道是因为城市里的人比较害羞吗？确实有这个因素，但其所占比例相当微小。

有另外一个心理原因，使我们不愿伸出援助之手，那就是当周围有很多人的时候，我们心里就会想，"即使我们不去帮助他，也应该有人会出手相助"。这其实是一种依赖别人的想法。在心理学上，这种现象被称为"林格曼效应"。

德国心理学家林格曼曾经做过一个让众人拉网的实验。结果，每当拉网的人数增加，每个人出的力就会减小一点儿。原本，我们认为人数的增加会发挥相乘效应，即每个人出的力会增加，但实际上并非如此。当人数越多时，人就越会感觉"我只不过是其中一分子"，于是拉网的时候就不那么卖力了。

美国心理学家拉特耐和古利也做过类似的实验。他们将参加实验的人（受验者）分别置于独立的房间，然后让他们戴上耳机，通过麦克风举行讨论会。受验者处于独立的房间中，互相看不到对方，只能听到别人的声音。在讨论开始后不久，心理学家安排一个人假装哮喘发作，而受验者可以通过耳机知道有人哮喘发作了，看最后有多少人会帮发病者向会议主办方求救。

结果，得到了一组有趣的实验数据：只有一名受验者和一名装病的人开会时，在装病的人发病后的3分钟内，100%的受验者都发出了求救信号；当有两名受验者和一名装病的人开会时，有60%的受验者发出求救信号；当受验者增加到6人时，只有30%的人发出求救信号。有别人在场时，人总会想，"即使我不求救，也会有别人求救的"。在现实社会中，有困难的人得不到救助，很多情况下都是这种心理效应起作用的结果。（文／原田玲仁）

经常被嘲笑，体重会增加

一项由美国马里兰州贝塞斯达健康科学大学和国立卫生研究院的研究者发表的报告显示，嘲笑孩子的体重与其体重增加有关。孩童时期和青少年时期经历的嘲笑越多，增加的体重就越多。研究人员研究了110名儿童和青少年（平均年龄大约为12岁），这些孩子有的自身超重，有的是父母超重。在第一次调查期间，研究人员要求孩子们报告他们是否因为自己的体形而被取笑过。在超重的孩子中，62%的人表示他们至少曾经因体重而被嘲笑过一次，而21%的有可能会超重的孩子表示他们曾经被嘲笑过。

研究人员对这些孩子进行了平均8.5年的随访，一些甚至追踪调查长达15年。无论他们在研究开始时是否超重，研究显示，经常因体重而被嘲笑的人平均体重增加33%，每年比未被嘲笑的同龄人增重91%。

娜塔莎警告说，该研究是观察性的，无法直接确定因果关系。但可以说嘲笑体重与体重增加之间有着显著的关联。（编译／丁颖杰）

无辣不欢其实是种"自虐"

生活中有这样一些奇怪又普遍的现象：胆子很小却喜欢看恐怖片，困到睁不开眼仍然熬夜停不下来，吃辣越辣越爽，看剧越虐越好……按理说人性都是趋乐避苦的，为什么会有人喜欢这种自虐行为呢？这背后暗藏的心理又是什么呢？

通过自虐获得"快乐逆转"

美国宾夕法尼亚大学心理学教授保罗·罗津创造了一个词来形容这种行为，叫良性自虐，指的是一种通过自虐获得享受的状态，可谓越虐越开心。

罗津与同事在论文中称："当进行一些消极的行为时，人类的身体和大脑会感受到威胁。但随后会发现实际上并不存在危险，因此会有一种'驭体于灵'的快感。"简言之就是，通过身体不适来获得精神愉悦。就好比我们吃芥末，感觉快要被呛死了，结果竟然一点事儿都没有。这种新奇的发现，让我们忍不住有种如释重负的愉快。

为什么良性自虐会带来这种"驭体于灵"的快感呢？罗津教授认为，人类进化出了一种奖赏好奇与探索的大脑机制，发现新事物会让人感到很兴奋。如果我们吃了芥末、臭豆腐这些看起来有危险的东西，最后仍能安然无恙，就意味着我们发现了新奇事物，之前的恐惧感随即转化成兴奋感。因此，良性自虐也被称为"快乐逆转"。

从生理机制的角度，我们也能更清楚地了解，良性自虐的快乐体验是如何来的。身体在面对痛苦时，会自然而然释放一种叫内啡肽的天然镇静剂，它能与吗啡受体结合，产生跟吗啡、鸦片一样的止痛效果和欣快感。也就是说，人类的快乐系统和痛苦系统是紧密联系的，痛苦刺激之后，快乐系统也跟着活跃起来，正所谓痛并快乐着。在这样的生理机制下，像"无辣不欢"这种自虐行为就不难理解了。

良性自虐可调节负面情绪

人们喜欢良性自虐除了获得快感外，还有另一个原因，就是它可以帮助人们调节负面情绪。那么自虐是如何起到调节情绪作用的呢？

首先，它有助情绪宣泄。有人喜欢看虐心剧哭得稀里哗啦，有人喜欢看恐怖片一边惊吓一边享受，都是为了能够释放现实中压抑的情感。喜欢良性自虐的人，内心有很多压抑的负面情绪，比如悲伤、恐惧、愤怒等，这些情绪可能来自童年创伤或现实挫折。心理学中的精神分析学派认为，那些被压抑的痛苦经验和负面情绪其实并未真正消失，只是储存到了潜意识层面，一旦有出口就会释放爆发。自虐行为，便是提供了这样一个出口，让我们能够把内心积压的情绪宣泄出来。

试着回想一下，当你在郁闷的时候，是不是喜欢用一些看起来有些自虐的行为来发泄情绪呢？比如喝酒、暴食、熬夜打游戏等。这些自虐行为看起来虽然不太健康，但对调整心情很有帮助。情绪宣泄之后，人也就获得了一种轻松释然的感觉。从这个角度来说，看起来是自我折磨的行为，其实也是一种自我疏导。

其次，良性自虐还能转移痛苦。通过良性自虐，把精神上难以承受的焦虑、压力等情绪转移到身体上，从而减轻精神的痛苦。很典型的例子是有暴饮暴食习惯的人群，他们不一定享受进食的过程，但一定享受把自己吃到胃胀胃痛的感觉，好像越难受越心安。这是因为，当所有的关注点都集中在躯体痛苦上，也就暂时忘记了精神的痛苦。

最后，良性自虐通过刺激感官，能让人们感受到自己鲜活的存在，这在上班族身上体现得很明显。他们白天被满满当当的工作任务推着往前走，感受不到个人作为一个主体的存在，在情感上也是压抑的、麻木的。而到了晚上，他们开始报复性熬夜，即使熬到头晕眼花、心悸胸闷，仍有种说不出的快感。对这种带有自虐属性的熬夜心理，一位知乎网友分享了他的真实体验："熬夜到非常累才睡很爽……感觉只有在这些时候，自己才是自己。"

总的来说，良性自虐能让人体验快感、疏导情绪以及找到存在感，有积极的意义。但任何事情都有度，过度沉浸良性自虐，比如熬夜、暴食等，便是对自己的伤害，不利于我们的身心健康。所以不开心的时候，除了使用良性自虐，我们也可以试试其他有益的方式，比如看书、旅游、倾诉等，莫让良性自虐变成恶性自虐。（文/杨剑兰）

印度电影中为什么总有歌舞

嗨！
好奇心

喜欢看印度电影的人，都会发现一个独特的现象，那就是几乎所有的印度电影里面，都会出现各种各样的歌舞，这几乎成了印度电影的一个标签。这是为什么呢？

印度大部分处于热带地区，气温常年比较高，在电影刚刚开始普及的时候，印度人去电影院看电影更多的是为了纳凉和消遣。而当时的电影基本上都是90分钟，这么短的时间根本不能让印度的民众满意，尤其是一些印度的贫民，花一笔钱只看这么短时间的电影，更会感觉不划算。又因为印度人向来热爱歌舞，于是印度的电影人便很好地将民众的心理需求和印度人的生活习俗相结合，在电影中适时地加入一些歌舞，巧妙地将电影时长从一个多小时延长到两个小时甚至三个小时，从而能更好地吸引印度群众的目光，让他们感到走进电影院看电影是一种享受，既能乘凉，又能看电影，还能欣赏歌舞。久而久之，印度电影便形成了今天这种风格。

（文/蒲公英 于富荣）

学霸为啥总说自己"没考好"

前段时间有一名学霸上了热搜，他以为自己高考考得很差，准备复读，结果上了清华。网友纷纷表示，周围的学霸貌似都是这样，考完说"没考好"，分数出来却很高。学霸真的是因为虚伪才说"没考好"吗？

来自康奈尔大学的两名心理学家做了一个实验，他们让65名大学本科生为30个笑话的好笑程度评级，对比专业的喜剧演员的答案，得出各自的评分，以此测试这些学生的幽默感。此外，这些受试者还被要求为自己排名。结果得分最高、排名最好的那些人，却认为自己仅比平均水平高一点点，觉得自己表现得不怎么样。

再结合逻辑能力、语言能力的实验，他们发现，那些有能力的人，往往会低估自己的能力、高估他人的能力。因此，学霸们可能只是没有想到其他人比自己差。

这种认知偏差现象被称为"达克效应"，常被用来解释人们自我评估的偏差。一些真正有才干的人，当接到一项事实上很难但在他们眼里很简单的任务时，往往会误认为这个任务对所有人来说都很简单。那些知识和技能明明都更出色的人，自信心却可能跌到谷底。因此，说不定学霸们打心底觉得自己排名不会太高，因为他们低估了自己，高估了他人，觉得大家都很厉害……

上述实验还有一个更有名的结果，测试中最不能辨认什么是有趣的人，反倒认为自己高出平均水平，表现得非常好。一个人只有在真的具备某种能力、了解这种能力是什么时，才有办法对自己是否掌握这种能力做出精确的评估。那些不具备这种能力的人，因为不了解这种能力究竟是怎么回事，也就无法认识到自己的欠缺。

能力较低的人，往往会高估自己在此领域的能力，而且难以发现自己高估了自己。高估自己且不自知，是"达克效应"更广为人知的一部分。越无知的人越认为自己无所不知，因为他们连自己有多无知都不知道……

医院里总有一些患者，觉得自己比医生还专业。有些人对一些领域也不是很了解，却喜欢装作很懂的样子，侃侃而谈。越是知识渊博的人常常越谦逊，越是无知的人往往越自大。

整个"达克效应"逻辑链中最重要的一环在于，你首先要具备该领域的相关能力和知识，才能判断出自己在这个领域的水平如何。这有点类似于"夏虫不可语冰"，夏天生死的虫子，从未见过冰，所以你没办法跟它聊冰的事。有时候你没法说服父母，是因为他们没有和你一样的经历和体会，只会对自己的观点深信不疑。

如何进行更准确的自我评估呢？"达克效应"的提出者给出了解决办法：归根到底，需要提升自己在某个领域的能力，获得更多知识，才能发现自己哪儿做得不好，评判出自己的水平究竟如何。

所以古人说"读万卷书，行万里路"是有道理的，掌握更多知识，至少使人更有能力审视自己。对能力比较强的人来说，多收集信息、了解他人的水平也是一个办法，以免妄自菲薄。

知识就像一个圆圈，圆圈之内是你已掌握的知识，而圆圈之外就是未知的世界。你已掌握的知识越多，你的圆圈就越大，接触到的未知的范围也就越广。所以，还是要多读书。（文／鲍安琪）

会聊天的主持人厉害在哪里

许知远又一次因为在《十三邀》上的尬聊被群嘲，只不过这次的采访对象从女神俞飞鸿，变成了男神木村拓哉。

说起来，木村拓哉的综艺感不算差，在日本节目里经常冒出金句，逗得主持人开怀大笑。可万万没想到，当这两位从发型到背影都有些形似的男人（不是我说的），边漫步小树林边开启话题时，许知远的一句"木村先生你真的是很帅"，让气氛陷入了沉默。尤其当许知远一次又一次地试图引导木村拓哉走向自己预设好的框架，没想到却接二连三地被对方用"您想多了"驳回。这种死撑着硬聊下去的感觉，比街头打招呼认错人可怕多了。

有网友发出一个灵魂拷问：许知远、高晓松、陈鲁豫，如果一定要让偶像接受其中一个人的访问，你选哪个？这三位，可都是"把天聊死界"的著名十级选手。正如大家调侃的"高晓松揽话三大宝"：我玩音乐的朋友×××，我们清华×××，我当年在美国×××。高晓松经常聊着聊着就开启炫耀当年勇的模式，把本应是主角的采访对象晾在一边，变成了一场自夸大会。

如何拉近和受访者关系，快速开启对话，何炅就做得很得体。曾经有位嘉宾是从农村走出来的麻省理工高才生，第一次上舞台显得有些局促。何老师见状问他："你紧张吗？"小伙点了点头。何老师就一脸严肃地说："其实我也紧张，因为要跟你这么一个有学问的人聊天。"气氛立刻轻松下来。

如何提问是一个访谈主持人的基本功，然而你永远不知道鲁豫会如何用一个问题把嘉宾惹毛。比如，她问过生活贫困、每天只能吃菜叶的留守儿童："为什么不吃肉呢？是因为不好保存吗？"上演现代版"何不食肉糜"。

蔡康永是"会提问"的最佳代表。他多年前主持过一档叫《周二不读书》的文化节目，采访过后来拿诺贝尔文学奖的莫言。和莫言这种咖位的文学大家对话，你得了解他的作品才能言之有物，否则净问些面上的事，观众和作家都会觉得没水平。而蔡康永能在谈笑风生间，就深入浅出地聊出了莫言文学生涯的各种细节，言语恭敬又不显得奉承。

共情能力，绝对是一个主持人的加分项。还是何炅，当春夏说"做演员的就是把心碎变成你的艺术"，却又说不清楚这是种什么感觉，陷入"但是……就是……对……"的结巴中时，何老师立刻听懂了她的意思，接过话来："演员有的时候会有一种职业病，他在最难过的时候，还会提醒自己说，下次演的时候就是这种感觉。所以这就是春夏刚刚说的意思。"春夏立刻感动又敬佩地鼓掌，感谢何炅帮自己救了场。

其实，一个优秀的访谈节目主持人，不一定都是相同的采访风格。有的毒舌，有的严肃，有的温情，有的搞笑，但共同特点也很明显：他们都具备强大的人文情感捕捉能力，能用对方最舒服的方式，问出最得体的问题。

对于这一点，豆瓣评分高达9.2的谈话节目《和陌生人说话》的主持人陈晓楠，就说过其中的奥义："我采访普通人，就把对方当大人物；采访明星，就把对方当普通人。"平等与尊重，永远是聊天最重要的东西。（文/陈香香）

花钱给别人更快乐

在《射雕英雄传》中，当郭靖初遇黄蓉时，慷慨程度让黄蓉大吃一惊。郭靖不但请黄蓉大吃一顿，还赠送她裘衣、金锭，甚至把汗血宝马也送给了她。

郭靖之所以如此慷慨，这固然和他在蒙古草原养成的重友轻财的豪爽个性有关，而另一部分原因，也是经济心理学一直所研究的内容。

加拿大英属哥伦比亚大学的伊丽莎白·邓恩教授和哈佛大学商学院的迈克尔·诺顿教授联合调查过一个问题：金钱财富的花销方式是否会和获得金钱财富一样，影响人们的幸福感？花钱给自己与花钱给别人，对人们幸福感的影响是否会有不同？

两人最终把研究成果发表在美国《科学》杂志上。在这篇名为《花钱给别人能促进幸福》的文章中，两人首先探讨的是花钱方式与人们幸福感之间的相关关系。他们随机抽取632名有代表性的美国人样本，要求评价并报告他们的总体幸福感和年收入，并报告他们在有代表性的一个月内四项花销的情况，这四项花销分别为：还账单和日常花销费用；为自己买礼物的开销费用；为别人买礼物的开销费用；向慈善机构捐赠的费用。

这项调查研究初步证实了人们的消费方式和幸福感之间的关系，即人们怎样花他们的钱对他们幸福感的重要性，或许和他们挣多少钱对其幸福感的重要性一样大。进一步讲，就是想要提高幸福感，花钱给别人也许是比花钱给自己更有效的一条路径。

邓恩和诺顿的另一个实验也得到了几乎相同的结论，也就是当得到意外之财后，将其花销给别人比花给自己能体验到更大的幸福感。

人们常常会抱怨说，"我从前太亏待自己了，以后要好好心疼自己，给自己多花钱，不能只是给爱人或者孩子们花钱"，事实上，给配偶或者孩子们花钱所带来的幸福感，会比给自己花钱带来的幸福感更高。

邓恩和诺顿的实验证明了郭靖如此大方的另一个原因：对别人慷慨能带来更大的幸福感。黄蓉本是随口开个玩笑，心想郭靖对这匹千载难逢的宝马爱若性命，自己与他不过萍水相逢，存心要瞧瞧这老实人如何出口拒绝。哪知郭靖答应得豪爽之至，实是大出黄蓉意料之外，心中感激难以自已，于是伏在桌上，呜呜咽咽地哭了起来。（文／岑嵘）

合照比独照看起来更美

嗨！好奇心

打开手机，点进某个朋友的朋友圈欣赏他们的独照，再看看他们与别人的合照，你是否发觉朋友在合照中看起来更加好看呢？

在这个自拍成潮流的年代，这种奇怪的现象引起了很多人的关注。有研究者表示，"合照更美"现象其实是大脑"节能省电"的结果——当在扫视一个多人画面时，为了节约能量，大脑会下意识地"拒绝"分析所有细节。于是当我们在看团体照时，每个人脸上的缺陷与不平衡，都会在大脑概括的视觉过程中被平分模糊掉。（文／佚名）

掏耳朵上瘾与玩游戏上瘾的异同

许多人会买了棉签放在浴室里，洗完澡后掏掏耳朵。但棉签的规定用途其实是抹药或者从病人身上获取样本用的。有些厂家会在棉签的包装上注明："警告：不可伸进耳道内……伸进耳道内会造成损伤。"但大部分人都忽略了，或视而不见。《上瘾》一书作者尼尔·埃亚尔说，许多人会在掏耳朵时弄伤耳朵。甚至有人掏耳朵成瘾，一周不掏一次就难受。有这样一幅漫画，图上的女儿会把棉签藏起来，就像藏棒棒糖一样，以免爸妈发现她在吃。

掏耳朵真的会上瘾吗？埃亚尔说，上瘾是"对某种行为或物质有害的、持续性的、强迫性的依赖"。只是经常做某件事，如查看微信或看电视，并不能算上瘾，除非使用者在受到伤害时也难以停止这种活动。神经科学家马克·刘易斯说，上瘾是一种学习方式，是大脑走最近的路去获得它想要的东西。上瘾不是一种疾病，而是大脑的奖赏机制把注意力导向了某一种单一的刺激。

有些人喜欢掏耳朵，起初是因为感觉耳朵不舒服，比如淋浴时耳朵被弄得太湿了。这时用可以伸入耳道内的棉签去处理好像是一个很合理的解决方法。问题是耳垢压根儿不是问题。它是有好处的，应该就在那儿，不需要去清理，只要耐心一点儿就能解决感到潮湿的问题。埃亚尔说："跟遇到人生许多难题时一样，我们很难做到耐心。人们总是做他们能够做的，而不是他们应该做的。"

上瘾性的产品会向大脑提供一个临时性的解决办法，但这些办法总是带来更多的问题。反复掏耳朵会导致皮肤干燥，还会擦伤耳膜，引发炎症。发炎的感觉像是耳朵堵住了，让人忍不住去掏耳朵。越掏耳朵越痒，越痒越要去掏。这一循环会持续到要去看医生。埃亚尔称之为"棉签效应"：在使用一种产品的过程中，想象中的解决方法成了问题之源。赌博带来经济压力，于是为了忘却烦恼而进入不管不顾的状态。电视看得越多，越感到孤独和无聊，越需要去看电视。

埃亚尔把成瘾性产品分为两种：一种是其生产者不认识它的用户，酒精、香烟、棉签都是这一类。对于这类产品，厂家应该在包装上标明其危害。第二种成瘾性产品的生产者非常了解其用户的行为，如赌场和社交媒体公司、毒贩。有些产业的收入依赖于上瘾者。比如一些在线游戏，他们要尽力去命中所谓的"鲸"——他们只占全部玩家的0.15%，却带来50%的收入。没有这些极端的顾客，他们的生意就无法继续。类似的，赌场也是依赖着少数赌博上瘾的人，其中一些人会为了不中断赌博而穿着成人纸尿裤。许多产业都是从他们最忠实的顾客那里获得大部分收入的。如快餐业，20%的就餐者为他们贡献了60%的收入。埃亚尔认为，对于那些收集用户数据、有能力找出上瘾用户的产业来说，他们应该去联系这些用户，看能否提供帮助。我觉得对于第一类产品，以后也可以智能化，植入芯片，比如你一掏耳朵，棉签就尖叫。（文/贝小戎）

气味营销学

你以为星巴克店里闻到的咖啡味真的只来自咖啡吗？据调查，人们在星巴克店里闻到的浓郁咖啡香并非全部出自咖啡豆，而是气味营销的产物——出自调香师之手的星巴克专属店香。同样，迪士尼乐园的爆米花摊在生意清淡时，会释放"人工爆米花香味"，不久顾客便闻香而来。

这种区别于传统的味觉和视觉刺激，利用特定的气味吸引消费者关注和记忆的营销模式叫作气味营销。如今商店设计的最新趋势就是迎合顾客的全部感官，提供所谓"感官停留"服务，使他们留下能闻到、听到、感觉到的难忘经验。其中，商家的气味营销是最不易被消费者察觉的小心机。

气味的运用深入到人们生活中的方方面面，却是最不容易被人察觉的。

在摩洛哥马拉喀什的一间豪华餐厅，有专职的芳香师负责在不同公共领域喷洒不同的混合精油，以营造不同的气味与空间气氛，增加顾客良好的体验感。奥利奥的总公司卡夫食品曾经在杂志内页上做过一次广告宣传，那页广告纸经摩擦后会散发蛋糕的香甜味道，增加了读者参与度的同时还被牢牢记住了，80%的读者在参与互动后都表示当下很想吃一块图片上的草莓奶酪蛋糕。

如果要用气味形成品牌独特的印记，则需要根据目标人群的喜好做科学的设计，让更多人因为说不清道不明的味道喜欢上品牌，成为品牌的忠诚粉丝。例如在商场的母婴用品区，婴儿爽身粉的味道会产生温暖舒适的感觉；在游泳衣区，椰子的味道会让你产生沙滩椰树的联想；在贴身内衣区，"舒适的紫丁香味"据说能让女士情不自禁地走进试衣间。

一家散发香味的商店和另外一家没有气味的商店，吸引客户的能力差别很大。带有香气的商家往往能够吸引更多的顾客进入。现在不少商店都开始使用气味营销模式，并且取得了不俗的成效。英国衬衫品牌托马斯·品克在自家商店放置了散香设备，每个进到店里的顾客都能闻到一股新鲜的经过清洗的棉花味道，这个味道瞬间让人想到了衬衫的纯棉材质，不需要店员的过多介绍，一半的顾客在挑中尺码后就欣然付款。

在2007年德国法兰克福国际车展上，每家汽车厂商都采用在展厅的视听硬件上达到吸引最多顾客效果的策略，而宝马则在自己的展厅内放置了旁源型扩香设备并选择专门设计的宝马香型。一时间客人闻香而来，让宝马的展厅人头攒动。购车者认为新车有一种特殊的崭新皮革的气味，就是这股特殊的"新车味"常常刺激消费者的购车欲望。此次气味营销的成功，后来被各大美日汽车厂商及4S店效仿。

气味也是决定旅途过程是否舒适的重要衡量标准之一。没有人愿意在夹杂着汗臭味及体味的机舱里度过漫长的飞行时间。新加坡航空公司把气味营销做到了极致，他们使用的是一款名为Stefan Floridian Waters的专利香味。乘客只要踏上新航的班机，就能闻到这种特殊的香味，在空姐身上、热毛巾上乃至整个机舱的各个角落，香味无所不在。新加坡航空公司甚至把这款香注册成为新航独一无二的商标，成为新航形象的一部分。

酒店行业深谙气味营销的秘密，因此不同的酒店都有着自己标志性的气味。酒店的用香标准之一就是香味不能太浓郁，要若有似无、恰到好处，刚好能让顾客注意到闻起来很棒或者扑面而来的清新感即可。例如威斯汀酒店大堂有着独特的白茶花香，朗廷酒店有着姜花香，希尔顿酒店有铃兰、青草及麝香结合的香味，香格里拉酒店有着香根草、玫瑰木和琥珀为基调的香味。每家酒店都有自己独特的香气，目的是让客人在踏入酒店的一刻便触发嗅觉记忆，在潜意识中得到一种宾至如归的感觉。

闻香识人，你身上的香味也会暴露你的阶级。

审美领域不仅仅只有视觉，嗅觉品位如今越来越受到重视。因为气味在激发人们的嗅觉神经时，也会给人们的记忆系统留下印象。你可以闭上眼睛，你可以塞住耳朵，但你很难不用鼻子呼吸。因此，嗅觉是唯一一个人们无法关闭的感官，也是最具利用空间的感官。

《画堂香事》作者孟晖认为，真正的奢侈是把钱花在看不见的地方，而香水被认为是其中一种看不见的奢侈。她说："香气和物质享受有紧密的关系，香气是生理反应引发的社会价值判断标准。当社会的财富急剧减少，人们连生活温饱都难以维持的时候，就来不及顾及自己是否闻起来是香的。香气更深层的意味是人摆脱了原始环境和低级劳动。一个陌生人身上带有令人感到舒服的香气，首先就能让旁人感到心情愉悦，同时也能够让旁人对他的身份有一个较好的价值判断，认为他是一个体面的人。"

气味、声音、爱好、性格等，都构成了一个人在其他人眼里的印象，也就是属于自己的特征。据英国《每日邮报》报道，研究发现如果从女人身上闻到香气，那么那个女人的脸看上去会更迷人。女人的脸在有香气时显得更漂亮，是因为香气的愉悦和容貌的美丽融合为同一个心理评价，提升人的自信程度，从而呈现出更好的状态。找到一种极其适合自己的香型，可以让你不必再向别人说明个人好恶，便能迅速给出一个"没错，这就是我，我希望别人这么看我"的快捷自我介绍。从两性关系而言，气味类似于一种信息素。两个气味不相投的人是无法建立亲密关系的。

宝洁公司市场部曾经在消费者中做过一项调研，发现使用飘柔洗发水的用户普遍对于产品的核心功能"柔顺"的满意度较高，而对洗发水的气味则颇有微词，认为化学物质的气味太浓，而让产品显得廉价，甚至造成产品"不安全"的印象。廉价香味一般采用人工香精，气味单一且刺鼻；优质的香味层次更为丰富，有前调、中调、后调之分，主题明确，气味也较为温和。

再高级的香水，如果喷洒过多，过于浓郁刺鼻则会起到反作用，让人感到是"廉价的香气"。

香水的使用还有季节之分。在温度略高的天气，香水会散发得比平时更快，通过嗅觉感受到的气味也就会更浓烈。因此在选择浓度较高的香水时，就要控制用量。否则，香水不但不会帮你提升魅力值，还会在你身边筑起一道难以攀越的围墙。在秋冬季节，香水散发的速度则会慢些，味道也会更加悠远，选择淡一点儿的香水更为适宜。（文／郑依妮）

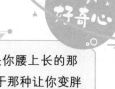

为什么有人天生吃不胖

人体的脂肪大致可以分为两大类："坏脂肪"，就是你腰上长的那种白色脂肪；"好脂肪"，则是棕色的。棕色脂肪，不同于那种让你变胖的白色脂肪，是一种特别的脂肪，可以通过线粒体的脂肪氧化作用产生热量，并消耗脂肪来进行御寒。棕色脂肪细胞组织可以让你在吃了同样多的食物之后，比别人长的肉少。

人体内的白色脂肪，就是我们常说的肥肉，最主要的功能就是储存大量的脂肪分子。而棕色脂肪的功能是燃烧和消耗能量，一般存在于舌下、锁骨周围和脊柱周围。当全力以赴时，每千克棕色脂肪的燃烧功率高达500瓦，可以和家用微波炉媲美。这也为很多吃不胖的健康人提供了合理的解释：很可能他们的棕色脂肪活化频率高、比例高。（文／林泉）

为什么理科男的送礼思路是错的

遇到过这种问题吗？一个朋友邀请你参加他的生日聚会，然后你就开始考虑送他什么礼物。给你3个提示性的选择：A.一瓶红酒；B.相对而言数额恰当的现金；C.刻着朋友名字的纪念品。

我猜选择的结果大概是这样：在书面上，选C的人可能最多；但在实际操作中大多数人会选红酒；而很多人心里想，还不如直接送钱算了。

为什么大多数人在实际操作中会选择红酒咱们以后有机会再聊，从可量化指标来说，给朋友直接送钱的确是最有价值的做法，我年轻的时候也是这么想的。

我身边那些号称很理性的理科男也都持有类似的看法，送钱最好。

的确，直接送现金有几个好处。第一是把礼物的可衡量效用最大化。我是尽量把这句话说得"经济化"一点儿才造成你看起来很别扭的。通俗点说就是，你把钱给了收礼物的人，他自己愿意买什么不行吗？在这方面流动性就是衡量礼物的标准，而流动性最好的就是现金。

第二，如果你购买商品送给收礼的人，那么一部分价值将转化为利润输送给卖东西的商家，这也算是给礼物打了折扣。第三，直接送现金降低了送礼物的人的成本，他不用想对方想要或者讨厌什么，直接支付一个数字就可以了。

但现实和理科男们想象的不一样。关于这个问题我做过简单的调查，当然，现在看到这里的你也可以扪心自问一下，生日聚会上收到等同于礼物售价的现金会不会是最令你欣喜的事？绝大多数人都不会这么认为，这不是虚伪，大家真的不那么认同现金这种礼物形式。从这点上就可以说，理科男的想法是失败的，送别人礼物是希望对方喜欢，不是吗？

那么人们最喜欢什么样的礼物？好多想法相对简单的送礼物教程中认为把接收礼物的人的名字刻在一块石头上的方式很棒。这种说法似乎很流行，以至于很多人面对文章开头那个选择题的时候会选C。事实是，这可不一定。

我有一个朋友，他最喜欢喝咖啡。有一次他过生日，我们一起在他家吃饭。酒过三巡，来了个快递，是他正在出差的太太给他买的一包不错的咖啡豆，价格在500元左右。里边还夹着一张字条："别喝太多，喝点好的。祝生日快乐。"我的天，这个朋友当时就被感动哭了。你可以想一下，他太太如果只是通过微信转账500元会有这样的效果吗？

人们会对某些礼物很喜欢，而对另一些礼物感觉一般，这个分界点在于，你送他的礼物是不是正好在他感受的敏感区。通常，人们一旦沉迷于某个领域，就会对这个领域效用的变化更加敏感。甚至一些人会因为收到改善敏感区的礼物产生"共情"——这大概是送礼物的人追求的最高境界。

那么问题还没完。为什么从感受上讲，500元的咖啡豆要比500元现金可爱好几倍？接收礼物的人收到现金后在网上下单自己买咖啡也几乎没有成本，更何况他还可以有更多的选择呢，这不好吗？

人们会选择抱着500元的咖啡豆哭而不是现金的关键在于心里的盘算。如果你给一个人划过去500元现金，对方会把这500元视作一种普通的生活费用，它和工资里的500元并没有什么不同。而这些现金对于接收礼物的人来说，估值是让他（她）的财富水准上涨了0.01%（假设他有500万元资产）。

但是500元的咖啡豆不同。在这个人看来，他的资产要达到2000万元才会买

500元的咖啡。所以,接收礼物人的效用敏感区会出现一种幻觉,礼物让他过上了资产增长300%的感觉。300%对0.01%,胜负立现是不是?送礼物其实是涉及人们花费和感受的一个挺复杂的领域,似乎还有很多有趣的话题可说呢。(文/崔鹏)

气球式社交

嗨!好奇心

"气球式社交"指当下在年轻人中间存在的一种社交方式,他们之间的关系像气球一样,很容易吹起来,也很容易破,很难持久。在聚会上初识的两个人刚开始聊就特别亲密,好像已经认识了几十年的老友,又是留电话又是加微信,但是聚会结束散去之后,就抛诸脑后,再也没有联系。这种社交方式适应了年轻人快节奏的生活方式,不需要花时间和心思去维护关系,就算关系淡了也不需要担心,因为很快就会有下一个"好友"。

有心理学家对年轻人的这种社交方式表示理解,认为这种现象的出现与年轻人的需求有关,两个人虽然建立了微信联系,但如果没有交流的需求也就没有维护关系的必要,如果面临必须去稳固这层关系的话,他们仍然会深入交流。也有人认为,这样的社交关系不利于人们幸福感的提升,与其不断建立数量众多的"气球式社交"关系,不如建立一两段长久而美好的友谊。(文/白艳章)

口味暴露性格，爱吃"苦"的人比较冷漠

偏爱苦味的人可能性格冷漠，爱吃酸的人可能更敢于冒险，辣味则让人产生一种在危险边缘试探的刺激感……近年来，关于"口味与性格"的研究层出不穷，来自世界各国不同领域的研究者，试图通过实验找出两者之间的微妙关联。

最新研究：咖啡口味的选择可能会"暴露性格"。炎热夏季，来一口冰激凌是再舒服不过的事，但是你知道吗？不久前有研究者发现，我们对冰激凌口味的选择竟然与性格相关。譬如说，草莓口味爱好者大多属于内向的逻辑思考家，常常拥有寻常人没有的各种想法；活泼可爱的妹子大多喜欢巧克力口味，虽然拥有充满活力的优点，但也容易受骗；如果你喜欢咖啡口味，那么就是一个喜欢活在当下的人，对于未来不会做出太多的精打细算，性格浪漫又温和。

对于以上口味与性格之间的关联，神经科医师艾伦·赫希是这样解释的——每个人对于食物的偏好在大脑的结构中都由同一块区域管控，因此我们对口味的喜好与大脑中的情绪表现有关。

除了冰激凌之外，连喝咖啡都会"暴露性格"。

曾有研究发现，黑咖啡爱好者常是完美主义者，而喜欢喝卡布奇诺的人则控制欲强。如果你觉得上述"口味测试"纯属娱乐，最近也有不少相对严谨的学术

性研究新鲜出炉。不久前，一份来自奥地利因斯布鲁克大学的研究指出，"喜欢苦味"是利己主义、自恋及施虐狂的预警器，偏爱苦味的人可能性格冷漠。

无独有偶，《自然》杂志子刊《科学报告》最近也发表了一项由英国萨塞克斯大学发布的研究成果，科学家们发现，不同味道的水会对人的行为产生不同的效果——酸味更容易让人冒险，甜味和鲜味让人更加保守行事，咸味和苦味似乎对人们的行为性格等没有任何影响。

这样说来，当我们不知道该如何做决定的时候，是否需要一点儿酸味的食物来"调剂心理"呢？或许我们首先要弄清楚，自己对食物口味的喜恶究竟是由什么决定的。

专家声音：口味偏好或源自童年时代的"味觉记忆"

每个人在一生中都离不开"饮食"二字，所谓"饮食"指的就是吃喝。出于共同需求之故，"餐桌话题"总是吸引人的。有的人心情沮丧时喜欢大吃大嚼，有的人在失恋时却一点儿胃口都没有，只是一味"为伊消得人憔悴"。

人与人之间，除了在饮食习惯上会有所差异之外，对于口味的偏好同样大相径庭。正如"萝卜青菜各有所爱"，有人嗜甜食，有人无辣不欢，还有人生性喜欢吃"苦"。

"一个人口味偏好的形成在其成长过程中，会受到很多不同因素的影响。比如说，如果在童年的时候，常常接受父母以某种食物作为奖励，又或者曾在逆境中被某种食物所安慰，那么这种口味或许会成为我们的一生所爱。"

近年来，英国行为心理学家通过大量的事实研究表明，人的性格与口味有着密切的关联，从某种意义上说，饮食偏好还能反映出人们的性格特点。

就拿苦味食物来说，如果一个人特别喜欢喝黑咖啡、汤力水、苦瓜汁、黑巧克力等带苦味的食物，那么在他的潜意识中可能隐藏着"黑暗性格"。这种说法并非戏言，而是奥地利因斯布鲁克大学的研究人员在对1000名参与者进行了两个独立实验后所得出的结论。刘百里表示，虽然到目前为止，研究人员还不清楚为什么那些"爱施虐的自恋狂"大都偏爱苦味，但专家推测，可能是因为他们能从苦味中感到兴奋。"喜欢苦味的人非常享受能引起恐惧的兴奋体验，这是一种特殊的心理需求。"

口味变重或因为你的大脑"负荷变重"

食物和心理每时每刻都在发生关系，这一点从我们的日常生活就能看出来。为什么在悲伤难过的时候会"食之无味"，又为什么在欢欣雀跃的时候连喝白开水都觉得甜？这通通与我们的心理暗示相关。而食物之所以也能反过来影响我们的情绪和行为，其中一个原因是食物本身就含有一些特殊物质。

"比如说，在辣椒中含有一种令味蕾感觉到辣的'辣椒素'，这种特殊物质会将味蕾与肾上腺素联系在一起，通过刺激肾上腺素分泌，令我们产生一种在危险边缘试探的刺激感。"除了天性、后天环境之外，研究发现，在口味的喜恶上，心理因素也扮演着重要的角色。近年来不少研究显示，不同口味的食物选择可以揭示内心想法和情绪感受，也是反映性格特征的一种微妙方式。

"为什么女孩子在难过的时候喜欢吃甜品？那是因为甜味往往与积极的情感联系在一起，于是这种'滋味'就被当作与亲社会人格、行为及社会判断紧密相关的感受。短暂的甜食体验不但会增加我们的助人行为，还能促进积极的社会关系。"

若站在神经学的角度看，在不同的心理状态下，掌管我们情绪的大脑区域会发生变化，继而味觉需求也会发生改变。当大脑负荷高时，人们会偏好口味较重、浓郁的东西；相反，在心态相对平和的状态下，人们就会对粗茶淡饭心向往之。有趣的是，还有研究者发现，无论是在中文、英文还是韩文等语言中，都能看到从味觉领域向人格领域的映射。例如"辣"，常被用来隐喻脾气暴躁易怒；而"甜"和"苦"常被延伸至情绪的表达之中。

"幽灵香味"：欺骗大脑正在吃东西

无论酸甜苦辣，吃进嘴里的食物不但能够填饱肚子，还能慰藉心灵，甚至还会催生不同的行为。然而，随着近年来VR（虚拟实现）技术的发展，能够让我们产生不同情绪体验和心理状态的介质，将不再依赖于"食物"本身。

众所周知，只需要一副头戴式VR眼镜，就能将我们置身于看起来极其真实的虚拟环境中，四顾左右便能看到画面、听到声音。此外，随着科技的发展，虚拟现实技术不仅可以制造场景和声音，还将制造不同食物的味道和气味。

不久前，来自日本和新加坡的研究者在"虚拟食物"方面做了大量研究。在实验中，研究者将一个装有电极的勺子虚拟为一个棒棒糖，基于不同电流的作用，体验者能品尝出不同的口味。科学家还将电极连接到体验者的下颌肌肉上，并设法模拟出不同材料的刺痛感。这种体验犹如"视觉错觉"般令人不可思议，体验者在吃一个真正的食物时，有时感觉像在咬软的东西，有时感觉像在咀嚼硬的东西，通过改变电刺激，这两种感觉会交替出现。

换句话说，那些虚拟的味道和气味能让我们的大脑感觉到在吃东西，实际上却没有。这让我们想起早些年红极一时、能够骗过大脑的"幽灵香味"。"幽灵香味"这个术语的灵感来自神经生理学上的幻肢现象，指的是让大脑感知到某种特定的味道，虽然你可能根本没有吃到这种东西。

无论过程如何，科学家所期待的结果都是一致的：希望在未来可以用虚拟技术改变食物或饮品的味道，这样便能让人们吃到更多有益健康的美食。（文／黄岚）

如何避免尬聊

几乎在所有书店的畅销书排行榜上，总少不了几本关于交际或者聊天的指南。这其中既有《随便跟谁都谈得来》或《搭讪是门学问》这些坦荡直白的类型，也有《决定我们朋友圈排行榜高度的人际相互作用力》这样名字绕得匪夷所思的书目。总之，聊天，在一个聚会、旅游甚至约会相亲时人人都埋头看着自己巴掌大的小屏幕时代，俨然成了一门学问。

翻翻这些书你会发现，这门学问不求深与专，入门级科目无非是死记硬背一些能引起对方开口的话题。比如，"最近有个电影很好看，你看了吗？"或者"这两天我没怎么看新闻，有什么八卦我错过了吗？"切忌冒出"今天天气很不错！"这样的陈述句，因为这等于宣布你无话可说，你们的对话结束了。如果一时走嘴，陈述句出口，也要马上补个问句。比如，"今天天气不错……是不是去大东山郊游的人又多了啊？"简而言之，无论见新朋旧友，只要能撬开对方的话匣子，就不至于靠埋头吃喝破解尴尬了。

破冰一旦结束，适合乘胜追击，但这时靠的不是嘴巴，而是耳朵。为了配合倾听，要懂得注视对方，要学会一边点头赞许，一边微笑。等对方停下来时，可以就某个细节继续提问，哪怕他说的你完全不懂，也可以装出很有兴致的样子说："真有意思，再给我讲讲吧。"当你的聊天对象开始口若悬河，那么你就赢了。因为他说话越多，越容易得出一个结论——你真会聊天——尽管你可能没说几句，都是他在说。

最后，当想结束聊天，或者发现对话无趣想要溜走又不想冒犯别人时，要找个让对方感觉舒服的借口。比如说："等一下，我要去买点喝的，你要不要我帮你带点什么？"如果有更多人在场，也可以说："那边有几个人，我得去打个招呼，否则太没礼貌了。"

在电影《在云端》里，乔治·克鲁尼这样的帅哥，跟第一次见到的女生尬聊也是遵循这个原则的。他是这样开场的："你租车那家公司的积分卡好用吗？"这就是明知故问。当他如愿以偿地听对方念叨起车行积分如何不给力，就顺便也损了那个公司两句，然后让女方继续吐槽，接着谈起自己的租车积分经验，最后用一摞各种酒店、航空公司的白金、黑金卡让对方佩服得五体投地。当两人开始坐到一个桌子旁喝饮料时，谈话技巧的黄金法则已经奏效：找到不会引起反感的话题、随声随时附和、注意聆听对方、不咄咄逼人，到最后亮出底牌打动对方。

但其实这些聊天法则，都比不上两个字重要——真诚。内不欺己，外不欺人，才是最高法则。希腊神话里的真言之神阿波罗的表白就是一种典范，面对河神之女达芙妮，他说："我又不是你的仇人，也不是凶猛的野兽，更不是无理取闹的莽汉，你为什么要躲避我？"当他说出"我会永远爱着你，我要用你的枝叶做我的桂冠，用你的木材做我的竖琴，用你的花装饰我的弓箭，我还要让你永远不老"的时候，即便是变成月桂树的达芙妮，也被他这片毫无掩饰的赤诚打动了。虽然用现代聊天法则来看，对女神这样不容喘息的直男式表白真的是弱爆了。（文／二公子）

走神，请注意

我从小练就了一种特殊的能力，外表看起来淡定专注，大脑早已神飞天外。这种技能帮助我挺过了无聊的课程、会议和部分工作时间。这让我舒服并愧疚着，毕竟从小到大，家长、老师苦口婆心地教育我们要专心，分心有害。

幸运的是，科学家发现，无法集中注意力的不止我一个人。多项研究发现，在我们醒着的时间里，至少有一半要贡献给走神，或者说"思想漫游（mind-wondering）"。

美国加利福尼亚大学圣芭芭拉分校的老师们给学生做了个45分钟的阅读测试，让他们阅读《战争与和平》的片段，发现自己走神就按键。他们发现，在此期间学生平均走神5.4次。为了进一步考验他们的注意力，学生中途还被随机打断6次，这让他们的平均走神次数又增加了1.2次。

人们总是想办法和走神做斗争。但新西兰的心理学家迈克尔·C.科尔巴里斯要为"走神"辩护："不管我们喜欢与否，我们天生就具有走神的能力。"

首先如果你能思想漫游，恭喜，你是一名合格的人类。众多实验表明，只有人类才具有"思想漫游"的能力。猩猩很聪明，鹦鹉很能言，但似乎只有人类的思想可以不受时空拘束，逃离现实，追溯过去，畅想未来，进入梦境和幻觉，坠入别人的故事里。

科学家发现，走神时大脑的血流只比精神集中时低5～10个百分点，而活跃区域的面积比精神集中时还要大。走神时的大脑并不是一个空无一物的旷野荒原，它更像一个小镇，当镇子中心举办的足球赛吸引了大量人群时，其他人还是可以在小镇上漫游、四处闲逛。

越来越多的研究发现，思想漫游也许会赋予我们更多的创造力。一位匿名的物理学家曾信誓旦旦地说："我们经常说的3B——公交车（bus）、浴缸（bath）和床（bed）——正是很多伟大科学发现的发源地。"科尔巴里斯认真地指出，或许还可以加上第四个B——会议室（boardroom）。

在几千年科学史里，古今中外的科学家亲身为我们示范了精神漫游带来的高光时刻——阿基米德坐在浴缸里想出浮力定理，庞加莱一只脚刚踩上公交车的踏板，就想出了苦思冥想不得解的数学难题。就连比尔·盖茨和杰夫·贝索斯都在访谈中表示，直到现在他们仍坚持亲自洗碗，可以在放空自己的同时思考一些问题。

文学和艺术界似乎更是如此。据说贝多芬是个酷爱洗澡的音乐家，只有在蒸汽升腾的浴缸前，他才能如人鱼一般放声歌唱。如果没有在火车上走神，J.K.罗琳也不会看到站台上有个戴着圆眼镜的瘦弱小男孩一直向她招手了。

斯坦福大学的神经科学家将两种思维分为"任务正面网络"和"任务负面网络"，前者控制你全神专注，后者放纵你精神漫游。它们就像一个跷跷板的两端，由一种叫作"脑岛"的大脑区域控制升起或落下。专注的能力是有限的，在这两者间完美切换，许多思想的火花才会应运而生。

走神赋予了我们一个实实在在的好处：当又要开始一项无聊的工作，我们又不能公然反抗或毅然放弃时，让思想信马由缰是人之常情。2010年的一项研究，参与者被分配在45分钟内做一个特别无聊的任务，在任务前后他们都接受了情绪测试。虽然前后结果都很糟糕，但走神的人感觉会好一些。也许走神是帮助他们对抗无趣工作的一种方式。

科尔巴里斯就是一个挺喜欢"走神"的人。今年83岁的他最早学的是工程，但没挺过一年就去学数学，毕业后在一家保险公司工作。他发现以上这些都不是自己的最爱，快到人生的1／3时，他才发现自己心中的缪斯——心理学。

说到这里，也许我们应该考察一下"走神"这个词的本来含义。在《辞海》里，"走神"的解释是"注意力不集中、思想开小差"，听起来有些负面。但在英文里，不受拘束、信马由缰的"思想漫游"，也许只分是否在合适的时间去往合适的地方，而不用分对错。

我本以为写这篇文章可以肆无忌惮地走神，可写到最后，我"失败"地发现，尽管做好数度走神的准备，但或许觉得这个话题太过有趣，我的思想高度集中，简直想走神都走不了。所以，当你常常走神的时候，除了自责，更应该问问，是什么导致你感到无聊呢？（文／江山）

自拍上瘾易产生焦虑情绪

嗨！好奇心

英国德比大学的研究人员表示，由于人们的需要或者产生依赖，智能手机在我们生活中占据重要地位，这会影响我们的思想及日常行为，使我们与自然产生隔阂。据调查，与自然接触时间最少的人每天使用手机的时间为3小时30分钟，每周自拍10次，与自然相关的照片仅有2.6张。通过研究分析被观察者的行为来看，与自然相处时间较多的人会心情愉快、做事认真，用开放的态度面对新事物；而自拍上瘾者过于以自我为中心，背离与自然界增加接触时所需的开放态度和思考能力。

研究同时表明，过度使用智能手机与社会、行为、感情等问题存在关联。过度使用手机会使人产生对手机的依赖，影响工作及个人生活。研究称，英国10%的青少年都受到过于依赖手机带来的影响。（文／佚名）

步行速度和经济繁荣

《东京爱情故事》是20世纪90年代的热播电视剧，该剧的片头展现了忙忙碌碌的东京街头。每当看到这段片头时，我都会注意到一件事：东京街头的行人走路飞快。

就在播放《东京爱情故事》的同一个年代，一位来自美国加利福尼亚州的心理学家罗伯特·列文来到巴西休假。在休假期间，他发现美国人对守时的重视与当地悠闲的文化格格不入。于是他决定集中研究世界各地的生活节奏，他和他的学生历时三年，前往31座不同的城市，测量了各种与生活节奏相关的数据差异。

罗伯特·列文后来发表了《不同国家与地区生活节奏的比较》的调查报告，其中专门对世界各地的市民行走速度进行了考察。列文使用的步行速度测试指标是行人在闹市区单位时间内步行60英尺（18.288米）的速度，人们步行速度最快的前10个国家依次为：爱尔兰、荷兰、瑞士、英国、德国、美国、日本、法国、肯尼亚、意大利。

罗伯特·列文的研究显示，从某种程度来说，步行速度和一个国家或地区的经济状况成正比，步行速度越快，经济就越发达。在列文公布的步行速度前十的国家中，除了肯尼亚是个例外（但想想奥运会长跑项目有多少金牌得主来自肯尼亚就不会觉得奇怪了），其余都是经济发达国家。

因此，一个国家经济越发达，工业化程度越高，这个国家的生活节奏就越快，西欧和日本忙忙碌碌，而非洲和拉丁美洲悠闲散漫。即便在美国范围内也有区别，东海岸节奏最快，西海岸次之，而中西部地区则慢悠悠地跟在后面。

为什么人们的行走速度和经济有关？这可能和经济发达地区的时间成本比较高有关。把时间浪费在慢悠悠地走路上，既昂贵又奢侈。同时决定步速关键的因素是我们所处环境的特征，而城镇越大，道路越好，居民走路越快。有人曾形容19世纪普通纽约人走路时，"总像是前方有可口的晚餐在等着他，或后面有警察在追着他"。还有研究发现，大城市长大的孩子逛超市的速度，是小城镇长大的孩子的两倍。

回到本文开头说的20世纪90年代东京街头，尽管刚刚经过泡沫经济，但东京仍然属于全球最繁荣的大城市之一，急匆匆的脚步也显示出这个城市的活力。

那么街头为何所有人（白领、蓝领或者失业者）的脚步如此一致呢？科学家发现，我们之所以会不自觉同步，是因为一种叫作"节律同步"的生物现象，在其影响下，生物体的生理节奏无意识地相互调节，就像天上的鸟儿会齐刷刷地盘旋。

2006年，一位来自英国的心理学家理查德·怀斯曼再次重复了列文的实验，他惊讶地发现，亚洲的城市也开始大踏步地加快了步伐，像新加坡和广州，曾经在列文的调查中都排不上名次，而现在它们和最繁忙的欧美大城市步伐不相上下，这也从侧面说明了这些城市的经济越来越繁荣。（文/岑嵘）

一见钟情的"一见"到底多长

今天聊聊"一见钟情"这种现象。

一见钟情不像是长期感化那样容易受到内部和外部因素的影响，这种事儿太快了，几乎无法受到控制：有就是有，没有就没有。

当然，不相信"一见钟情"的人也很多。

根据2017年一个国外约会网站的调查，62％的女性和72％的男性认为一见钟情是真的，而且85后、90后比70后、80后更相信一见钟情。

那有没有一种可能，就是"一见钟情"只是一种记忆偏差？

我们都知道记忆是靠不住的——就像是心中一直挂念着一种食物味道，专门去吃却发现比印象中的略差。我们的记忆除了会随着时间的流逝而改变，会不会因为你和你的对象关系好，就下意识地美化了初见时的记忆？

为此，2017年荷兰格罗宁根大学的研究人员安排了共396人参与了近400场相亲，并且在第一次见面后，就立马统计双方有没有一见钟情。

一见钟情并不是单纯的记忆偏差。至少，确实有人在第一次见面后说对刚刚见的人一见钟情了，至少有很强的好感，希望能够和对方继续发展下去。

说自己刚刚经历过一见钟情的人中，大多数是男的。这有可能和选择的照片有关。实验中参与者统一提供了脸书的页面，科学家又统一选择了有微笑的照片。早先有研究表明女性用户普遍不喜欢用微笑照片作为头像的男性，相反，男性普遍更喜欢微笑着的女性头像。

一见钟情往往并非双方的。至少在这个研究中，所有的一见钟情都是单相思。这说明，像罗密欧与朱丽叶那般两人一见就干柴烈火的，还是比较少见。

那一见钟情到底需要多长时间呢？2018年德国班贝格大学的心理学教授Carbon的研究团队就发现，只需0.3秒，这和眨眼差不多快。

这个研究团队招了25名本科生，给每个人看了100张人像照片，每看到一张照片，就要他们判断照片里的肖像性别，以及他们是否有吸引力，与此同时，用脑电图来记录下他们的大脑活动。早在参与者按下按钮做出回答之前，脑电图就已经出现变化。

结果显示，看到一张人脸后，你需要大概244毫秒判断其性别，然后用59毫秒感觉到其对你的吸引力。换句话说，在看到人脸之后303毫秒时，眨眼之间，你对此人的吸引力就有一个评判。

如何才能让别人对自己一见钟情？

上述研究还发现，只要参与者一旦判定了人像的性别，就能很快地评估出吸引力，这说明对性别的刻板印象可能对吸引力有决定性影响。

女性脸部中具有决定性的区域在于颧骨，而颧骨对男性脸部的吸引力影响没有那么明显，男性脸部的重点在于下巴和嘴的宽度。

还有，皮肤的细腻程度对女性面孔产生的吸引力有明显影响，而对于男性面孔的影响却微乎其微；唇色越红会让女性在异性中越受欢迎，而且会使脸部更女性化。

总而言之，虽然这非常不公平，但面孔的一些细节特征就是决定第一印象的关键，而第一印象常常是我们的敲门砖。

说了这么多，如何能科学而又高效地找到另一半？一个好的第一印象就是个好的开始。记住,只要0.3秒,就能决定一个人的吸引力。现在省视一下自己,0.3秒里,你想给别人展现一个怎样的自己? （文/赵思家）

一生都不喝水的更格卢鼠

更格卢鼠后肢发达,善于跳跃,长而呈穗状的尾巴在跳跃时起到舵的作用,前肢却很短小,简直是袋鼠的缩小版。它们生活在北美洲西部、墨西哥、中美洲直到南美洲西北部的干旱沙漠地带。更格卢鼠能选择这种极限地带生存,是因为它们耐渴性非常强,哪怕一生不喝一滴水都可以存活。更格卢鼠是如何做到的呢?

更格卢鼠体内的水分,主要来源于它们的食物——平时吃的多汁的草或仙人果浆。它们就像储水器一样,可以把这些东西中的水分贮藏在体内,到只能吃植物干种子的季节,又可将其中的水分释放出来,以分解种子的糖分。

而且更格卢鼠没有汗腺,不会通过皮肤损失水分。其他动物在呼吸时,往往会通过肺部的蒸发,失去相当大的一部分水,更格卢鼠在呼吸时所带走的水分却非常少,因为它具有非常特殊的肺部结构,可以使呼出的气流的温度尽可能地低一些,所含水分也会尽可能地少一些。

更格卢鼠白天待在空气比较潮湿的洞中,还要把洞口堵上,以保持洞内的空气湿度,减少呼吸造成的水分损失。只有在夜间,当外面的空气比较潮湿时,它才出来活动。另外它浓缩尿的能力也特别强,粪便也很干,通过尿和粪便带走的水分,只相当于普通鼠类的10%。所以,通过这些技能,更格卢鼠能永久地在沙漠中生存下去。

生活的强者不是天生的,面对残酷现实也不是唉声叹气、自暴自弃,而是创造性地激发自己的潜能,处处打磨自己的不完美,把荆棘和磨难变成诗和远方,你就是强者,你就是奇迹。 （文/任万杰）

别让愤怒淹没理智

说到情绪，很多人认为这是个"坏东西"，"这人还挺有情绪"就表达了大家对情绪的"不满"看法。不过，情绪没有好坏，情绪是我们对环境的一种反应，这里说的环境不仅是指外界看得见摸得着的事物，还包括看不见的、内在的事物。

在诸多情绪中，有一种情绪叫负面情绪，其实是由长期积累的情绪债务引发的。情绪债务有三种来源：一是依赖型、控制型和竞争型的性格，使自我的内心产生了不同的约束感。二是长期的伪装和压抑，使尚未得到表达的压力增大。三是不愿意改变现状，却又对现状不满，一直在挣扎。

情绪债务是自己造成的。这些情绪的积累和压抑可能会造成情绪的潜在低落，一旦遇到某种条件即有可能实现情绪的爆发。

其实情绪是最容易管理的，而且它比其他的事情都有更高的自主性，因为它跟别人没有太多的关系，完全是自己在做决定，因此情绪的控制可行性最高。为人处世最要紧的就是管理好自己的情绪。

如果所有人都能用理解的心态去处理问题，就会避免不必要的争执，也不会成为点燃导火索的人。

当我们产生负面情绪时，应该觉察到自己有负面情绪的产生，这是做情绪管理的第一步，正视自己的问题才有可能解决问题。这时候还要选择对自己的负面情绪负责。我们不必执着地认为是别人的行为导致自己不开心，而是要回归到自己身上，调整转变自己的想法，对自己的情绪负责。

我们产生负面情绪时，很容易陷入当下的情绪中，而忘记去找出自己爆发负面情绪背后的真实需求。常常问自己"别人说这句话背后的需求是什么"是消除负面情绪最有效的方法。心理学博士伯恩斯坦通过30年来从事处理激烈情绪的经验，给出了面对别人的激烈情绪时，用以下三句话的建议：

第一句话：请说慢一点儿，我愿意帮忙。

第二句话：你想让我做什么？

第三句话：你怎么了？

推人及己，一旦我们能够体会到或者是询问出彼此真正的需求，我们就不会横冲直撞地说话，也不容易被激怒，回归理性分析。（文／燕声）

少睡懒觉少做噩梦

为了研究人为什么会做噩梦，英国牛津大学的科学家让846名志愿者参加了一个在线调查。调查内容涉及他们过去两周做了多少噩梦，以及噩梦有多糟糕等问题。研究人员发现，对未来的担心或对做错事的担心，与做噩梦的频率和严重程度有着最密切的联系。也许是睡前的忧虑为做噩梦储存了材料，从而增加了做噩梦的概率。此外，做噩梦的频率还与每晚睡眠时间有关。睡眠超过9小时的人，噩梦也特别多。科学家说，睡眠时间延长之后，睡眠周期增加，快速眼动睡眠期的时间也相应地增加了，而噩梦通常发生于快速眼动睡眠期。所以少睡懒觉可以减少做噩梦。（文／佚名）

很多时候，你是在为故事买单

假如你花了一千多块钱，买到了一口由铁匠师傅一锤一锤敲打出来的章丘铁锅，你会觉得这个钱花得很值。而一口相似的用机器敲打的铁锅只要一百多块钱，两者固然有些不同，可是在使用功能上差距并不特别明显。那为什么有人愿意多花十倍的钱，去为在使用上差距不太明显的商品买单？

事实上，在你花的这一千多块钱中，有很大一部分是在为章丘铁锅的故事买单。

美国经济学家丹·艾瑞里说：从关于决策的早期研究中，可以清楚地发现，我们并非是在各种事物中进行选择，而是在对它们的描述中进行选择。

纪录片《舌尖上的中国》中，对章丘铁锅这样描述："三万六千锤，打少了不行啊，你要没这功夫它出不来这样的产品。你糊弄它，它就糊弄你，它不好看。十二道工序，十八遍火候，大大小小十几种铁锤工具，一千度高温冶炼，三万六千次的锻打，每一次的锻打，都是对铁最有力的历练。注入气力的同时，更赋予铁锅以生命……"

很多时候，语言并没有改变产品本身，但是它改变了我们与它之间的交互方式，也改变了我们对它的体验。电视画面和解说词拉近了我们和这口锅的关系，我们的眼前不仅是口铁锅，而且还会出现纪录片中 83岁的铁匠一锤一锤执着地敲打铁锅的画面，会想起匠人精神。于是，我们在使用这口铁锅时，又获得了更多的东西。

语言给了我们一个生动的故事，我们看着一个个铁锤印记，这口锅在我们眼里就有了更高的价值，而我们在使用中的体验也会变得更好。于是，我们心甘情愿地为语言和故事买单。

语言的另一功能是将我们的注意力吸引到一件产品的某些特定属性上。章丘铁锅的故事，让我们的关注点集中到了手工锻造这个点上，这样它就相对于其他机器锻造的铁锅有无法比拟的优势。为此我们很容易产生"禀赋效应"——一旦拥有某物就会高估它的价值，哪怕这种拥有仅仅是电视画面上虚拟的拥有。

另外，在我们所花的这一千多块钱中，还有一部分是在为公平买单。

丹·艾瑞里曾经做过一项研究，他们想知道人们愿意为恢复数据支付多少钱。结果显示，当人们发现技术人员只花了几分钟便完成数据恢复时，人们往往不大乐意多付钱，但同样的数据量，若恢复工作持续一周以上，人们就会心甘情愿地支付更高的费用。

机器锻造几小时和人工锤打几天，即便两者的使用效果差别不大，但我们仍然乐意为人工制造支付高得多的钱，我们这时会把努力和价值混在一起思考，从根本上说，我们更看重努力过程而不是结果，数万次的辛苦锤打让我们觉得支付高价更公平。（文/从嘉）

恐龙那么重，
为什么没有压坏自己的蛋

恐龙那么重，它孵蛋时，是怎么保证不把蛋压破的？这是因为恐龙会对蛋进行特殊摆放。研究人员研究了鸟类老祖宗的近亲——窃蛋龙的巢化石。所研究的巢化石中包含一只成年窃蛋龙，可以看出它是在孵蛋时和蛋一起被埋葬的。窃蛋龙和今天的一只鸵鸟差不多重，体重约为100千克，某些大型窃蛋龙可以重达300千克。在最大的窃蛋龙巢标本中，最大的蛋直径有40厘米。这些窃蛋龙是像今天的鳄鱼一样把蛋埋在土里靠土壤温度自然孵化，还是趴窝孵蛋？

科学家通过研究窃蛋龙蛋的孔率，找到了这个问题的答案。如果窃蛋龙的巢属于开放式巢，蛋壳的孔率应该较低，这样才能延缓水分散失。先前有研究人员利用间接计算法估算出了窃蛋龙的蛋逸散水分的速率，发现这些蛋壳的孔率太高，透气性太好，不可能在开放巢中存放。但是，有一位加拿大科学家不这么认为。通过重新计算孔率，并和现代开放巢生物蛋的孔率对比，他认为此前的研究其实高估了窃蛋龙蛋的孔率。按照最新的计算，中小体形的窃蛋龙产下的蛋在12枚紧密排列的情况下，可以承受一只成年窃蛋龙的体重。但是，如果是最大的窃蛋龙坐在上面，蛋就要裂掉了。

最后，科学家通过对巢形状的研究发现，小一些的恐龙会按照菊花花瓣的形状摆放自己的蛋——所有蛋都紧紧挨着彼此；而大一些的恐龙会在开阔地上把蛋摆成一个更大的圆圈，成年恐龙坐在中间，身体大部分的重量压在地面上，这样就能避免蛋承受太大重量。

由此，科学家得出结论，大恐龙会演化出更高级的"布蛋行为"，所以即便恐龙体形变大，也能继续孵蛋。（文 / 佚名）

南极和北极的鱼为什么不会冻死

南极和北极到处都是厚厚的冰雪，冷得要命，可总是有爱好者去那里考察，还能在冰窟窿里钓上鱼来。为什么那么冷的地方，鱼不会被冻死呢？原来，鱼是一种变温动物，它的体温会随着水温而改变。和其他地方的鱼相比，南极的鱼体液中蛋白质比较多，而蛋白质是热能的保证，是"不冻液"，也正是凭借这一点，南极的鱼才得以在冰天雪地里健康成长。当然，不要妄想把南极的鱼放到热带海洋中去，每个生物的适应性都有一个极限，超过极限就会死亡。（文 / 佚名）

动物会不会哀悼死者

不少读者可能还记得去年在北大西洋上发生的一件事情，一头雌性虎鲸被发现用头驮着自己刚刚出生的幼崽在游泳，虽然那个幼崽出生不久就死了。不知什么原因，这头代号为J35的虎鲸妈妈一直不愿放弃自己的孩子，有好几次那个幼崽滑进了水里，她一个猛子扎下水，再把它驮出水面，就这样一直游了1609千米，直到第17天才终于放开。

这个故事引起了很多讨论，大家关注的焦点在于这头虎鲸的行为到底算不算哀悼。大部分人相信是的，但也有人认为虎鲸妈妈也许不知道幼崽已经死了，或者不知道死后不能复生，只是出于本能在保护幼崽，不让它沉下去而已。

为了回答这个问题，美国威廉玛丽学院（College of William and Mary）的动物行为学家芭芭拉·金（Barbara King）教授为2018年3月出版的《科学美国人》（Scientific American）杂志撰写了一篇文章，详细解释了她为什么相信J35确实是在哀悼死者。

金教授退休前一直在该校的人类学系任教，考古人类学领域非常关心"哀悼"的出现时间，因为大家普遍相信这种行为代表了一种非常高级的智慧水平，只有现代智人才具备这种能力。于是，是否有埋葬死者的行为一直被认为是判断一个古人类群体是否已经进化出高级智慧的重要标志。

正因如此，动物行为学界一直坚信除了人类之外，其他动物不具备高级的情感，所以这个研究领域不允许科学家使用拟人化的词汇来描述动物的行为，比如"哀悼"这个词就是在用人类的情感解释动物的行为，是不科学的。

金教授早年也是这么认为的，但随着动物哀悼的案例越积越多，她转而相信动物也是有情感的，会为同伴的死亡感到伤心。她于2013年出版了一本专著，名字就叫作《动物如何哀悼》。这本书通过对来自世界各地的实际案例的分析，总结出一套通用原则，以此来判断动物是否在哀悼。

在金教授看来，哀悼行为必须具备两个必要条件：第一，两只（或两只以上）动物生前一定要经常待在一起，而且并不是因为某个明显的进化优势而这么做的；第二，其中一只动物死后，另外一只（或多只）动物显著地改变了它们的日常行为（比如停留在尸体旁边不肯离开），并且必须表现出严重的不适状况。

按照第一条标准，那头虎鲸妈妈似乎并不符合要求，但金教授认为母子关系可以不受此约束，毕竟这是一种非常特殊的关系，两者不需要待在一起很久才能有感情。第二条标准也很重要，比如曾经有人观察到一只母猴抱着一只死去的小猴到处走，一直不肯丢弃，但这只母猴并没有表现出不适状况，仍然照常吃饭，照常睡觉，甚至照常交配，所以金教授认为这不属于哀悼。

当然还有一条不成文的规定，那就是目前学术界只承认哺乳动物和鸟类等少数高等动物才有可能具备哀悼的能力，目前没有任何人相信昆虫之类的低等动物有这个能力。

这两条标准并不是学术界公认的，至今还有不少学者不认为动物的那些行为可以称得上是哀悼，因为他们相信这种行为不符合达尔文进化论的要求。试想，如果那头虎鲸妈妈因为哀悼那个夭折的幼崽而不好好进食，最终伤到了自己的身体，那岂不是非常不划算？进化是不会原谅这种行为的。

但是，金教授指出，达尔文本人恰恰是支持这一说法的。她指出，既然人是从动物进化而来的，那么人和动物具备类似的情感能力就是一件很容易理解的事情了。

在此基础上，金教授提出了自己的解释。她相信有些动物之所以会哀悼死者，恰好是因为它们进化出了爱的能力。爱这种情感绝对是有进化优势的，它能让两只（或多只）动物团结起来，更好地应对大自然中遇到的各种困难。但是，爱的出现是有代价的，那就是失去时一定会很痛苦（否则就不是真爱了）。虽然从功利的角度看，哀悼行为不利于生存，但这种情感只是爱的副产品而已，而爱的力量实在是太强大了，动物们甘愿承担哀悼带来的风险。（文／袁越）

镜子是绿色的

嗨！好奇心

镜子是一块特别平整光滑的玻璃，它的底下涂了一层东西，叫作镀膜。当光线照过来，透过镜子上的玻璃，被底下的镀膜反射出去，光就又从玻璃中跑出来，到你眼睛里。

特别神奇的是，看起来是白色的光线，其实是由各种颜色的光组成的，不同颜色的光线，透过玻璃的能力不一样。

当光经过玻璃之后，绿光会透过的多一些，所以白光从镜子反射回来，就变成了淡绿色的光。这些淡到几乎看不出来的绿光，就是镜子的颜色。（文／佚名）

棒槌捶打洗衣服是道物理题

阳光明媚的下午，在皖南地区一个幽静的小山村，这里青山绿水环绕，鸟语花香。三三两两的中年妇女结伴，蹲坐在小河畔，一边闲聊家常，一边把浸湿的衣物放在大石板上，用棒槌反复地捶打，每一次捶打都是水花四溅，直到把衣服洗干净为止。笑声、水声糅合，好一派热闹景象。那么，你是否有疑问，凭借棒槌捶打几下，就能把衣服里面的脏污捶打出来？衣服就真的可以洗干净吗？

这是一道普通的全国物理竞赛题，答案出人意料。

棒槌是一种洗衣用具，它多由枣木或其他硬杂木制成，长约31厘米，一端稍粗，便于捶衣；一端较细，便于手持。棒槌以圆柱形较为常见，也有长方形，一端略翘起。妇女们在河边塘畔洗衣时，将衣物置于平整的石头上，加揉碎的皂角若干，反复折叠，用棒槌击之以去污，相当于揉搓。如今，此情此景已经越来越稀少，甚至一些地方的棒槌已经成了古董，但有的农村至今仍延续着这种洗衣方式。

很多人依靠第一直觉认为，棒槌捶打使得衣服突然运动起来，而衣服上的灰尘由于具有惯性仍然静止，从而使灰尘脱离衣服。乍一看有点儿道理，可是仔细一想，这个回答用在晒被子时用木棍敲打被褥，从而使灰尘与被褥分离的情况更合理。我们可以用牛顿第一定律解释一下晒被子时用木棍敲打的物理原理：棍子敲打被褥之前，被褥与灰尘都处于相对静止状态，当用棍子猛然敲击被褥，被子突然向前运动，但是灰尘由于惯性继续保持原来的静止状态，导致灰尘与被褥分离。但是，衣服所放的地方与被褥不同，被褥放在空中，有大幅移动空间，而把衣服放在石头上，即便捶打，衣服也几乎没有发生过大幅移动。更为重要的是，这种情况下的灰尘是混合在液体中的，液体如果不喷出去，混合在液体中的灰尘是不可能单独飞溅出去的。

原来，真正使衣服清洗干净的原理是，棒槌捶打衣服，迫使湿衣服里面的水从衣服纤维之间的缝隙中高速喷出，利用高速水流将灰尘冲洗掉。这是利用了什么物理原理呢？力、热、电、磁、光、声都想一想，似乎只有通过运动学及力学知识来解释了：由于棒槌迅速敲打，使衣服纤维之间的水高速飞溅，这些水在高速运动时产生了巨大的动能，从而使衣服纤维之间的灰尘受到了强大的推力，然后随水一起喷溅而出。

也就是说，用棒槌捶打衣服这种方式是可以洗干净衣服的。但是，并不是所有衣服都适合这种清洗方式，因为有些衣服如果这样敲打，早就坏掉了，比如皮衣。

通过棒槌的捶打，就能将衣服洗干净，这么一个简单的生活场景原来也蕴含着有趣的物理知识。（文 / 柳静）

草船借箭可有其事

如同电话的发明使得人们更容易交流，弓箭的发明拓宽了人类的活动范围。有了弓箭，人类便可走出山洞，离开茂密的森林，来到广阔的丘陵或平原安家。有了弓箭，人们不但能够加强自身的安全防御能力，也能够获取更多的猎物，为自身的繁衍创造良好的物质条件。

弓箭诞生于约3万年前旧石器时代的晚期，它是冷兵器时代最可怕的致命武器。弓箭由弓和箭两部分组成，以弓发射具有锋刃的箭。弓是由有弹性的臂和有韧性的弦构成；箭包括箭头、箭杆和箭羽，箭头为铜或铁制，杆为竹或木质，羽为雕或鹰的羽毛。射手拉弓时，手指上还有保护工具。

恩格斯曾经说过："弓、弦、箭已经是很复杂的工具，发明这些工具需要有长期积累的经验和较为发达的智力。"弓箭的发明或许与音乐的起源有某种关系，20世纪英国科学家J.D.贝尔纳认为，"弓弦弹出的嗡嗡粗音可能是弦乐器的起源"。

在《诗经·小雅》里有一首诗写"角弓"，即指弓箭。这首诗劝告周王不要疏远兄弟亲戚而亲近小人，以为民众做出表率。首章四句是，"骍骍角弓，翩其反矣。兄弟昏姻，无胥远矣"。骍骍指弦和弓调和的样子，翩是弯曲，昏姻即婚姻或姻亲，意为"把角弓调和绷紧弦，弦松弛的话会转向。兄弟姻亲是一家人，相互亲爱可别疏远"。

中国古代神话里有"后羿射日"。在古典小说里，更有许多神箭手，如吕布辕门射戟，薛仁贵三箭定天下，养由基百步穿杨，等等。另外，打不赢就放箭的例子也比比皆是，清代如莲居士的传奇小说《说唐》里的好汉罗成虽武艺高强，最终却陷于淤泥而死于乱箭。

但是，一般士兵的射术可没有那么精准。假设他们单独一次射中目标的概率为0.1，那没射中的概率就是0.9，连续两次不中的概率为0.9×0.9，即0.81。依此类推，100次射击都不中的概率为0.9的100次方，即0.00003，那至少射中一次的概率就是99.997%。

即便要求至少射中3箭，概率仍高达98.41%。由此可见，与其费劲去找神箭手，不如让100个士兵乱箭齐发效果更好。元末明初罗贯中的历史小说《三国演义》里，长坂坡（今湖北当阳市）成就了赵子龙的神话，其实，那恐怕是曹操下令不许放箭的缘故。

再来看诸葛亮草船借箭，说是取到10万支。依据罗贯中的描述，当时江上大雾弥漫，士兵放箭基本是闻声寻的，命中概率估计不到0.1，中间还要掉转船身，用另一面接箭，那自然会射空。即便概率不变，也至少要射100万支，而当时曹操的弓箭手仅1万名，每人需射100支。专家分析这不太可能，因为古时一个箭壶一般只装箭20~30支。（文／蔡天新）

小动作里学问多

小动作与多动症

当你读到这篇文章时，停一停，看看你自己有没有在无意识地做一些小动作，比如用手指卷头发、抖抖腿、抠指甲、摸下巴等。如果没有，恭喜你！你的注意力非常集中，如果有，说明你的注意力已经开始逐渐涣散了，但没关系，你的这些小动作也许正帮你唤回注意力。

研究人员对于人们这种无意识的小动作的研究由来已久。早在1885年，英国人类学家、心理学家弗朗西斯·高尔顿在一次无聊又漫长的会议上注意到人们的各种小动作，并将其记录下来写成论文。奥地利心理学家、精神分析学家弗洛伊德对此也有研究，只不过他认为小动作与性有关。直到20世纪50年代，"过度活跃症"进入人们的视野，过多的小动作才被视为一种病态的行为。

有一种与小动作过多有关的疾病，叫作"注意力缺陷多动障碍"，俗称"多动症"，多发于儿童及青少年。在日本，这种病症有一个非常有意思的名称，叫作"大雄·胖虎症候群"。是的，你没看错，就是动漫《哆啦A梦》中的两个主角，大雄代表的是注意力不容易集中，而胖虎则是冲动、不易冷静。患有这种病症的儿童或青少年小动作频繁，整天忙忙碌碌，有时上着课会突然跑来跑去，根本停不下来。

但是，有研究人员认为他们的小动作必定有其存在的理由。美国加州大学戴维斯分校心智研究所的研究人员观察到，当多动症儿童在学习时，可以看出他们是集中注意力的，虽然他们的腿在前后移动，或是用手指敲打桌面，抑或是嘴里哼着曲子，总之他们总有些小动作。

那么这些小动作对于他们有什么样的作用呢？

小动作与唤醒思绪

在心理学上，有一种理论叫作"唤醒理论"，指的是人们活动的目的是给予机体和神经刺激以便将其激活。而多动症儿童的种种小动作可以看作是一种唤醒机制，刺激他们的神经，告诉它们："醒醒！该工作啦！"为了证实这一点，研究人员在接受测试的多动症儿童的脚踝处绑上一个仪器，用于计算他们的动作频率，并要求他们做一套智力测试题。结果发现，小动作频繁时，他们的正确率就高。这个结果证实了小动作的确能够唤醒多动症儿童，但是这个实验结果仍需要重复试验来证明这并不是巧合。

小动作可不是多动症儿童的专属动作，普通人同样有各种各样的小动作，它们对于普通人也有同样的唤醒作用吗？答案是肯定的。现代心理学将人们的精神研究与小动作联系在一起之后发现，当人们开始走神，思维开始涣散时，身体几乎在同时会做出反应，有各种形式的小动作。学者认为这些小动作的作用是人体自身的唤醒机制，试图将涣散的思维重新集中起来。

小动作功能多

小动作的作用可不只帮你拉回思绪，还可以帮你缓解压力。这点相信大家都不陌生，因为这大概是人人都有的经历。在感到有压力或者紧张时，你会不自觉地搓手、扯头发等。有研究者发现，在牙医诊所，等候拔牙的人比身边陪他们的人小动作要多得多，因为等待拔牙的人更有压力。小动作还与性格有关系。研究者让志愿者坐在一张特殊的椅子上，什么也不干。结果发现，神经紧张的人和外向的人小动作更多。

更神奇的是，小动作还能减肥。有研究称，小动作多的人一天最多能消耗800卡路里。通常情况下，一个成年人慢跑一小时大概可以消耗600卡路里。而如果没有其他的热量摄入，800卡路里的消耗是十分可观的，简直就是坐着都能减肥。当然，这些小动作都是人在无意识的状态下完成的。

小动作也有坏处

小动作好处多，但也有坏处。对于普通人来说，在你走神的时候，小动作虽然是试图帮助你拉回思绪，但并不意味着小动作会让你更好地记忆正在学习的知识，因为小动作与涣散的思维是同时存在的，换句话说，小动作的存在意味着你的思绪在当下并不集中。

加拿大阿尔伯塔大学的一位教授让他的21名学生观看一段40分钟的演讲，记录下了他们在此过程中的表现，并统计了在此过程中他们的小动作。在观看完后，教授向他们提问演讲的内容。结果与预想中的一样，随着观看演讲时间的推移，学生的注意力越来越不集中，同时小动作也在增多。值得注意的是，在观看演讲的过程中，学生们小动作频繁的一段时间里所记忆的演讲内容是模糊的，后来回答相关问题时准确率极低。这说明小动作也没能拯救走丢的思绪。当然这也证实了人们在无聊或被强制性地完成某项任务时，会以小动作进行自我排解。

然而，如果强制性让他们一动不动地观看演讲，他们所记忆的内容很有可能会更少，回答问题正确率会更低。因为人的身体本身就有这种倾向，如果你强行介入，效果反而会更差。

如果你在看完整篇文章的过程中完全没有任何小动作，恭喜你，你是一个非常专注的人。当然，这是你的成功，也是我的成功。（文／曹溪）

日本人长着一个"漫画脑"

在日本，漫画究竟有多高的人气呢？随手找来一条数据就能说明问题。例如，"漫画全卷"这家以销售整套漫画为主的漫画网站，就列出了一份日本漫画发行量排行榜：第1名，尾田荣一郎的《海贼王》，3.6亿部；第2名，青山刚昌的《名侦探柯南》，超过2亿部；第3名，斋藤隆夫的《骷髅13》，2亿部；第4名，鸟山明的《龙珠》，1.57亿部；第5名，秋本治的《乌龙派出所》，1.565亿部；第6名，岸本齐史的《火影忍者》，1.35亿部。

另外，藤子·F.不二雄的《哆啦A梦》和手冢治虫的《铁臂阿童木》，以发行量1亿部并列第9位；谏山创的《进击的巨人》以7100万部排在第18位；空知英秋的《银魂》以5000万部排在第30位；《苍天之拳》《夏目友人帐》《银之匙》等7部长篇漫画，以超过1000万部的销量并列最末的第130位。也就是说，这是一个发行量以1000万部为基准的排行榜。

这还仅仅是日本国内的发行量，不包括海外。而且，即使发行量不到千万的作品中，也有无数人气佳作。可以说，漫画如海水一般包围着日本列岛，生活在这里的人就像习惯大海一般习惯了漫画。无法想象失去大海的日本，也无法想象没有漫画的日本。漫画不仅主宰日本人的阅读生活，还影响他们的思维方式，渗透到他们日常生活的每一个角落，甚至税务局的税务登记流程表、自卫队的招兵宣传册，都被绘制成漫画手册，广而告之。

不得不感叹，日本人实在是太热爱漫画了！为什么日本人如此热爱漫画？有一个说法是，因为日本人长着一个"漫画脑"。这个说法来自身兼解剖学者、医学博士、京都国际漫画博物馆馆长、东京大学荣誉教授等多重身份的养老孟司。他的代表作《傻瓜的围墙》累计销量超过400万部，在日本家喻户晓。养老孟司擅长从解剖学、脑科学等专业领域的角度来分析和解说社会现象及人的心理问题，拥有庞大的粉丝群，他的"唯脑论"影响也很大。

除了"唯脑论"，养老孟司还认为，对日本人而言，"漫画就是有注音的汉字"。日文是由汉字与假名构成的：汉字是表意文字，相当于象形文字，在人的大脑中被当作图像信息处理；假名则属于表音文字，在大脑中被当作声音记号处理。因此，当日本人阅读一段日文时，大脑里需要同时进行图像处理和声音处理。阅读到假名时，大脑角回基于听觉意象进行声音处理；阅读到汉字时，大脑枕叶则会基于视觉意象进行图像处理。

同样是阅读一段文字，欧美人只需使用大脑的一个区域就够了，而日本人需要使用大脑的两个区域。因此，当日本人的大脑出现障碍时，会发生这样的现象：只认识假名，不认识汉字；或者只认识汉字，不认识假名。"当然，"养老孟司说，"同时不认识汉字和假名的患者也是有的，那就说明患者的脑子已经坏得差不多了。"

因为日本人长着一个"漫画脑"，看漫画对他们而言就像在看有注音的汉字。所以，日本人阅读一本漫画书时，速度通常比外国人要快上好几倍。

几年前，日本有机构做过一个这样的市场调研：只要将杂志里的漫画类内容抽出来，发行量就会直线下降；而只要将漫画内容加入杂志，发行量就会上升。调研数据显示，日本的电子书籍市场呈上升趋势：2010年日本的电子书籍市场规模为650亿日元，而到了2014年，已经上升到1266亿日元，增长了近1倍；预计，

2019年将达到2890亿日元。电子书籍市场之所以前途如此光明，是因为有电子版漫画的支撑——电子版漫画的销售量占整个电子书籍市场的80％以上。日本人的"漫画脑"由此可见一斑。（文／唐辛子）

晒得黑不黑，基因来决定

俗话说，一白遮百丑，爱美的人大多都希望自己拥有白皙的皮肤。可是往往事与愿违，有的人太阳一晒就成了黑炭，有的人却怎么晒都晒不黑，这是为什么呢？

研究表明，这是由人体里不同含量的黑色素决定的。黑色素在皮肤底层，一般不轻易露面。紫外线袭击你的皮肤，会激发并活化位于底层的黑色素细胞，让你的皮肤变黑，黑色素的含量多少又决定了皮肤颜色的深浅。

因此也就不难理解为什么就是有那么一群人咋都晒不黑了。从基因上讲，是因为这类人体内黑色素少，在太阳紫外线的辐射下色素不容易沉积，也就不容易黑。可是这类人也有坏处，由于本身缺乏一定量的黑色素，所以很容易得皮肤病，皮肤也很敏感，最容易得的就是皮肤癌。而那些一晒就黑的人，由于身体里面黑色素比较多，色素沉积得比较快，皮肤基本上都很健康，不容易患上皮肤癌。

所以说，晒黑也并不是坏事，最起码那些黑色素是为了保护我们的皮肤不受伤害，而紫外线虽然很不讨人喜欢，但是也有杀菌的作用。

（文／佚名）

取经路上吃什么

　　唐僧师徒在西天取经路上，除了与各路妖魔做斗争外，还要同饥饿做斗争。化斋，是僧人吃饭的方法。一个"化"字，道出了向别人乞求施舍的艰辛。好在僧人吃素，只要是素斋，数量多寡、冷热与否皆无所谓。那么，这些素食都有些什么呢？

　　在朱紫国，会同馆管事送给唐僧师徒的是"一盘白米、一盘白面、两把青菜、四块豆腐、两个面筋、一盘干笋、一盘木耳"。主食、副食都有了，不过都还只是原料，属待加工的素食。

　　在西梁女国，女王招待的素筵让猪八戒饱餐了一顿，"那猪八戒哪管好歹，放开肚皮，只情吃起。也不管什么玉屑米饭、蒸饼、糖糕、蘑菇、香蕈、笋芽、木耳、黄花菜、石花菜、紫菜、蔓菁、芋头、萝菔、山药、黄精……"

　　蔓菁又叫芜菁，俗称大头菜，是一种两年生草本植物，块根肉质，扁球形或长形，可煮粥或做菜。香蕈，菌类，也就是我们常吃的香菇。萝菔，就是萝卜。黄精又名野生姜，其根如嫩姜，道家认为这种植物能够延年益寿。

　　在驼罗庄，李老头请唐僧师徒吃了顿素斋，其中有"面筋、豆腐、芋苗、萝卜、辣芥、蔓菁、香稻米饭、醋烧葵汤"。醋烧葵，即冬葵，是我国古代生活中的主要蔬菜之一。元代王祯《农书》称它为"百菜之主",而《本草纲目》将它列为草类。

第八十二回,唐僧师徒身陷无底洞,女妖摆下了一桌颇为丰盛的"素果素菜筵席","旋皮茄子鹌鹑做,剔种冬瓜方旦名。烂煨芋头糖拌着,白煮萝卜醋浇烹。椒姜辛辣般般美,醲淡调和色色平。"

第一百回,唐僧师徒西行凯旋,唐太宗设御筵为他们接风洗尘,那御筵更是花样百出的素筵,"宣州茧栗山东枣,江南人杏兔头梨。榛松莲肉葡萄大,榧子瓜仁菱米齐。橄榄林檎,苹婆沙果。慈菇嫩藕,脆李杨梅……"

以上诸种素食大致包含主食(面食、米饭)、蔬菜(绿叶菜、菌类菜、海藻)、豆制品、水果(鲜果与干果)和假荤菜。其中值得一提的是假荤菜,或称仿肉菜。"无底洞"女妖设宴中的"旋皮茄子鹌鹑做,剔种冬瓜方旦名"正是两款假荤菜。茄子去皮后做出鹌鹑肉的味道,冬瓜除籽后模仿出鸡蛋的形态,匠心独运。

在西天取经的过程中,唐僧师徒自始至终坚持了戒肉,但未曾戒酒。第八十二回中,唐僧被妖怪捉到无底洞中,女妖们摆素酒席请唐僧。当女妖劝唐僧喝"交欢酒"时,唐僧犯嘀咕了:"此酒果是素酒,弟子勉强吃了,还得见佛成功;若是荤酒,破了弟子之戒,永堕轮回之苦!"

酒还有荤素之分吗?《西游记》此处有交代,说是孙悟空"知师父平日好吃葡萄做的素酒,叫他吃一盅",看来葡萄酒是素酒之一了。(文／李正明)

香水最早是用来治病的

　　香水是一种神奇的物质，或浓或淡、时有时无的芬芳，可以立即唤醒沉睡的嗅觉，让人着迷。现代人用它衬托气质、提升情调，但很久以前，香水并不是精致生活的点缀品，而是"遮羞除味"的生活必需品。

　　如今，著名香水品牌多聚集在欧洲，但香水并非起源于欧洲。香水最早可追溯到公元前4000年，当时古埃及人就懂得某些香精能起到消毒作用，也可用以治疗疾病，并广泛用于庆典和祭祀活动。埃及文化的扩张，使得芳香艺术传到地中海彼岸。古希腊人认为香水是众神的发明，代表着神的降临和祝福，他们狂热地从国外进口大量香精油，再混合香料粉末，制成香水。到了古罗马时代，人们对香水的痴迷更甚，把整个房屋弄得香气四溢，甚至在马匹、战旗上都要喷上香水。

　　中世纪的欧洲人喜欢把自己弄得香香的，其真实原因令人瞠目结舌：他们不爱洗澡，便用香水来遮盖体味。在古代西方，洗澡是比较稀罕的事情。即便在沐浴文化一度发达的古希腊和古罗马时期，沐浴也不是为了清洁，而是为了锻炼身体，保持肌肉放松、头脑清醒。因此，很多公共浴室与运动场、角斗场建在一起。

后来，罗马人无法抵抗日耳曼等民族的入侵，其中一个原因就是罗马人的水管中含有大量铅，导致罗马人的人口数量、身体素质大幅下降，但当时人们并不清楚原因。日耳曼人认为罗马人是因为"淫乱文化"以及"太爱洗澡"而战败，由此沐浴文化也逐渐消退。随着古罗马帝国的衰败，中世纪的欧洲人开始了长达十几个世纪的不洗澡历史。

14世纪中叶，欧洲黑死病大规模爆发，但人们不知道得病的原因，又看到死掉的人接触过澡堂等地，就错误地认为洗澡会让病菌通过毛孔进入身体。按照这个逻辑，欧洲人认为，预防黑死病的方法就是——不洗澡。从此，他们就不洗澡了，但这种恶习带来的后果是瘟疫更加猖獗。

中世纪欧洲人家中虽然有厕所或洗漱间，但很少用来洗澡。早期教会曾下过指令："对于那些好人，尤其是年轻人，应该基本上不允许他们沐浴。"以王室成员为首的欧洲卫道士，更是将洗澡视为堕落的根源。洗澡的人被认为是病人，洗澡甚至被视为一种惩罚。传说，路易十四一生洗澡不超过7次;4世纪时，一位赴耶路撒冷朝圣的女基督徒，向人炫耀她已经18年没有洗过脸，因此觉得自己最纯洁。

但长时间不洗澡，让欧洲人的体味很大，香水给了他们新的启发：用香水来遮盖体味。于是香水开始愈发盛行。

当时宗教一统天下，医学几乎停滞不前，仍停留在古希腊时期。"医学之父"希波克拉底提出的一系列学说中，认为体液失衡是致病的主要原因。要保持身体健康，首先要保持体液平衡，而香料可以起到维护体液平衡的作用。

对于"体液平衡学说"的迷信和滥用，让香水作为药物被广泛使用。中世纪早期编写的《叙利亚药典》中提到香料的作用：胡椒可治疗耳痛、麻痹、关节痛、排泄器官疾病、口疮、牙痛、牙变黑、失声、喉咙痛、咳痰等疾病。当时，人们还认为香料可以预防传染病和瘟疫。8世纪初，米兰主教圣本尼迪克·克里斯珀斯写道：丁香、胡椒和肉桂长期以来被用于防治瘟疫。1348年黑死病爆发时，最受称道的防疫手段竟是使用"香盒"。

而且，当时欧洲城市没有排水系统，庭院角落就是"方便"的场所。美国历史学家A.罗杰·埃克奇的《黑夜史》中记载：欧洲城市的居民们将夜壶倒往窗外以处理其"内物"。一英尺（约30厘米）多深的明沟渐渐塞满灰烬、牡蛎壳和动物尸体；街道成为倾倒污物的垃圾场，路人被迫从中穿行。当时，为了防止突如其来、从天而降的污物，绅士们都要戴礼帽出门，走在女士左侧，以防止女士遭受异物的突袭，形成了有名的"绅士文化"。

随着蒸馏提取技术的不断进步，以法国为代表的欧洲香水盛行起来，人们将"香味"这一看不见摸不到的东西尽可能留存，不仅遮盖了体味，也给人带来无尽的嗅觉享受。这项当时不得已而为之的发明创造，如今却成了时尚装扮和社交礼仪中的点睛之笔。（文／高阳）

如何成为学新东西最快的那个人

想要高效学习，我们首先得了解一下"学习"这件事。学习的过程，可以分为两步。

第一步：输入新知识，形成短期记忆。我们上课、看书都属于这一步，学到的知识形成短期记忆，被储存在大脑里。我们刚听完课、背完单词时，会觉得记得特别清楚，就是因为这些知识是新鲜的短期记忆，很容易回忆起来。

第二步：大脑对短期记忆进行整理，转化为长期记忆。学习结束后，我们的大脑并没有停止工作。它会用几个小时，甚至几天的时间，对新知识进行整理，把短期记忆转化成长期记忆。脑科学研究显示：人脑的长期记忆容量几乎是无限的，只要形成了长期记忆，记忆内容就几乎不会被忘记。

问题就出在这里——大脑把短期记忆整理成长期记忆，是个损耗很大的过程：我们学到的新知识，只有不到30%能成为长期记忆，70%以上都会被忘记。回想一下，为啥我们刚背完单词时印象深刻，过几天就忘得一干二净？就是这个原因。

现在你明白了吧，反复朗读、背诵为啥效率不高？就是因为它们一直在重复学习的第一步——输入，而忽视了将短期记忆转化为长期记忆，所以一边不断学习，一边迅速遗忘。就像一个这头注水，另一头漏水的水池，很难快速蓄住水。

既然"不断重复"的效果不好，为啥大家还对它那么热衷呢？就是因为我们被大脑欺骗了。大脑天性懒惰，偏好重复这种不怎么消耗脑力的活动。而且，不断重复会让我们越做越熟，从而产生一种"我已经记住了"的假象。但事实上呢？这时候我们只是在机械地重复，并没有让大脑活跃起来。

所以，真正高效的学习，不是不断重复，而是减少短期记忆的损耗，让尽可能多的知识变成长期记忆。这里的奥秘，就在于主动检索。检索，就是主动回忆学过的知识，把它们从大脑中提取出来。我们往往觉得，得先记住知识，才能想起来。事实恰恰相反：主动回忆学过的知识，会让大脑进入活跃状态，帮我们更好地记忆。而且，回忆的时候越费劲、越烧脑，记忆的效果越好。

说到学习，自然绕不开创造力这个话题。天马行空、奇思妙想，应该是我们对创造力最大的误解。如果说创造是在大脑里盖房子，那么各种知识就是这个建筑的材料。没有知识，归纳、总结、创造这些高级的活动都是不可能实现的。很多时候，我们以为自己缺乏创造力，其实只是因为缺乏知识。

总有人问：学习到底有啥用？脑科学告诉我们，学习能让人变聪明。这可不是一句空话。虽然大脑的整体构造是由基因决定的，但每次学到新的内容，大脑的海马体就会产生新的神经元。我们每次学习，都在改变着自己的大脑。学得越多，我们就越聪明；做过的事越多，我们能做到的事也会越多。这个道理，愿与所有终身学习者共勉。（文／罗辑思维）

亚马孙不是地球的肺

亚马孙森林大火引发了全世界的关注，很多媒体说这是地球的肺被点着了，就连法国总统马克龙也在个人社交媒体上说亚马孙为地球提供了 20% 的氧气。

著名美国气象学家斯考特·丹宁教授在Livescience网站撰文指出，这个说法是不对的，我们呼吸到的氧气并不是来自森林，而是来自海洋。

要想明白这一点，首先必须意识到地球上的所有元素都一直在陆地、海洋和大气之间不停地循环着，氧原子自然也不例外。

氧气最初肯定来自植物的光合作用，这是毫无疑问的。陆地光合作用的三分之一发生在热带雨林，亚马孙则是地球上面积最大的热带雨林，所以亚马孙每年生产的氧气确实很多。但是植物死后留下的残枝烂叶会被微生物迅速分解，分解过程会消耗等量的氧气，因此绝大部分陆地上光合作用生产的氧气到头来都会被尽数消耗干净，对大气含氧量的贡献值几乎为零。

既然如此，怎样才能让氧气有结余呢？

答案就是把光合作用产生的有机物从氧循环中移除出去，不让它们被分解。地球上有一个地方提供了这种可能性，那就是深海。海洋表面生活着大量海藻，它们通过光合作用生产出很多有机物，其中大部分被鱼类吃掉了，但有一小部分没被吃掉的有机物沉入了海底，那里严重缺氧，微生物无法生存，所以有机物被保存下来，躲开了氧循环。

我们呼吸的氧气，是大量有机物被移出氧循环的结果。有机物通常用碳来表示，移出氧循环的有机物就是大家耳熟能详的碳汇（Carbon Sink），这可比存在于生物体内的有机物总量高多了。

根据丹宁教授的估算，即使地球上的所有生物都被一把火烧光了，大气层中的氧气含量也仅仅会减少 1% 而已。也就是说，无论再爆发多少场森林大火，地球上的氧气也够我们再呼吸个几百万年的。

当然了，这并不是说亚马孙大火无关紧要。先不说别的，热带雨林是地球上生物多样性最高的地方，大量物种只在这里生活，一场大火很可能会让很多人类尚未发现的物种就此灭绝，造成的损失是无法用金钱来衡量的。

接下来的问题是，沉在海底的有机物最终去了哪里呢？答案就是石油和天然气。我们开发化石能源，本质上就是把过去几百几千万年积攒下来的碳汇重新纳入氧循环之中。由此造成的氧气减少还不是最大的问题，而是氧气减少的副产品——二氧化碳。

这是一种很强的温室气体，其浓度很大程度上决定了地球的表面温度，全球变暖这件事就是这么来的。

还有一件事值得一提，那就是陆地上也有类似深海那样的环境，这就是泥炭沼泽。这东西通常位于寒带，枯枝落叶被缺氧的河水淹没，还没被微生物分解就沉到了水底，并被封存在那里。

北极冻土带到处都是这样的泥炭沼泽，其中含有大量碳汇。今年夏天北极地区也在燃烧，这件事对于气候变化的影响远比亚马孙大火要大得多，却被公众忽视了。（文 / 袁越）

谁会成为蚊子的大餐

我们在挑西瓜的时候，要么听声辨音，要么给西瓜相面，要么干脆就凭运气。可蚊子会选择谁作为大快朵颐的对象呢？科学研究表明，蚊子也有类似的"挑瓜术"，只不过，它们关注的，是人的一些生理指标。

蚊子靠什么来选餐

蚊子判断一个人是否适合其口味，主要依据是人身上的化学信息。

荷兰瓦赫宁根大学昆虫学家乔普·范·龙发现，蚊子会根据二氧化碳的"痕迹"寻找"美食"。当人们呼气时，从肺里呼出的二氧化碳并非立即与空气混合，而是暂时形成类似面包屑那样的团块状气流。蚊子跟踪的正是这种气流。通过特殊习性和感觉器官，蚊子跟踪人体留下的细微化学痕迹寻找叮咬对象。蚊子能根据空气中的二氧化碳痕迹辨别方向，为了更好地感知到二氧化碳浓度高的地方，它们会花更大的力气逆风飞行。

蚊子猎食的时候会用上所有的感官，但"嗅觉"更重要，研究发现，新陈代谢更快、体温更高、汗水更多的人更可能被蚊子叮咬。

我们身体产生的乳酸、呼出的二氧化碳会吸引蚊子。乔普·范·龙表示，利用二氧化碳痕迹，蚊子会锁定距离50米以内的"目标"。

当蚊子靠近（距离小于一米）一群潜在的"受害者"时，它们的感觉器官开始读取各种参数，例如皮肤的温度，上面是否有蒸汽和颜色等。总体来说，色香味俱全的人会成为蚊子优先选择的进食目标。

蚊子选择这个人而非另一个人作为叮咬对象，其依据的一个重要因素是皮肤上微生物菌落产生的化学成分。皮肤上的微生物会产生一种由300多种不同成分组成的"化学花束"。科学家指出，它的成分取决于环境和人的遗传结构。此前有研究显示，和其他男性相比，皮肤细菌成分更多样的男性被蚊子叮咬的可能性更低。

蚊子偏爱"醉人"

皮肤上散发的化学信息和遗传有关，这让一些人天生就容易被蚊子叮咬。不过，一些后天行为也会让人在蚊子眼中变得更"美味"，比如喝酒。就像有些人喜欢吃"醉鱼""醉虾"一样，蚊子偏爱"醉人"。研究表明，饮酒之后人体呼出的乙醇会增加对蚊子的吸引力。酒中的乙醇及汗液中所含的微量乙醇，可能向蚊子们发出信号：美食在此。

有趣的是，蚊子会享受带有酒精的血液，但不会因此而喝醉，它们不会飞着飞着一头从空中栽下来。喝掉10杯酒的人，其血液中的酒精浓度可能达到0.2％。然而，如果蚊子喝了这个人的血液，相当于这10杯酒的酒精浓度被稀释到了1/25。因此酒精很可能在刺激蚊子的神经系统之前就被中和了。

让蚊子看不到人

生物学家们弄清了蚊子在寻找受害者的过程中怎样识别人类的化学气味，根据这一发现，科学家们就可以研究让人在距蚊子50米探测范围内"隐身"。"可以将干扰蚊子的气味添加到现有的驱虫剂里，如避蚊胺。可以说，我们的发现将让蚊子看不到人。"美国佛罗里达州国际大学迈阿密分校的学者马修·德赫那罗说。

让人成为"看不见的美食"

虽然有效，但百密一疏，还是会有化学信号漏出来，吸引蚊子。

因此防蚊时不但皮肤上要喷洒驱蚊剂，也要在衣服上喷洒驱蚊剂。

使用驱蚊剂时，千万不要吝啬。不少人使用驱蚊剂时只在耳朵后或者手腕上喷洒一点儿，这样的效果较差，因为这不会建成一个场。关键是，只要你漏喷了一个地方，就会被蚊子找到。

如果做好了各种防护，仍成为蚊子的大餐，那只能去研究被叮咬后的补救措施了。（文／王亚宏）

为快乐列表

在从事临终关怀工作时，我从一个年轻人身上学到了一种有效的培养快乐感的工具。

我最后一次见到这个年轻人时，他交给我几张纸。他说："我死后，请把这个交给我的爸爸和妈妈。这里列出了所有我们在一起开心和大笑的事。比如那次爸爸开车送我们参加化装舞会，我们全都打扮成一块块的水果。爸爸因为超速被迫在路边停下，执勤的女警察看看车里，笑着问：'你们这是去哪里？到水果沙拉店吗？'她没给我们开罚单，而是说：'走慢一点儿。我不想看到你们在高速路上被挤成水果酱。'"

他列出的6页表单中含有一张写给父母的字条，上面说他不想让他们只记住他生病的模样。他要求他们也想一想那些欢乐的好时光，因为那才是最值得他们记住的关于他的事。

为快乐列表，是在生活中养成达观性情的简单办法。每逢遇到感觉良好的事情时，把它记在本子上，觉得压抑时找出来读一读，会开心很多。

我第一次为快乐列表时，只写了短短的3行。所以，我每天都寻找荒唐可笑、令人捧腹和有趣的事情，8年后，我列出的条目增加到300条。

（文／C. W. 梅特卡夫）

你们的友谊，已被科学证明

俗话说：物以类聚，人以群分。朋友之间，总能找出各式各样的相似点来，有的是三观，有的是审美，即使成为酒肉朋友，也要口味一致才能一起吃喝。

然而，人们对友谊的根基还认识得不够深入，科学研究仍在不断地发现朋友间的相似点。

看球时脑电波"神同步"

对男人们来说，呼朋唤友一起看球，是展示友谊的大好机会。

喝着啤酒撸着串，并排坐在沙发上指责绿茵场上球员或者裁判的表现，是世界杯的正确打开方式之一。往往一场球看下来，小伙伴之间的友谊进一步得到巩固。

为什么会出现这种情况呢？新的研究发现，朋友在一起看球的时候，他们的大脑会以非常相似的方式做出反应。所以，两个相似的大脑惺惺相惜就不足为奇了。

在看一场比赛的时候，朋友间注意力的集中与分散有着相同的起落，时而出现相同的奖励反应高峰，时而又有相同的厌倦警示。比如，大家都会为喜欢的球员的一次进球而振臂高呼，也会为其失误感到沮丧。与不是朋友的人相比，这种朋友在看球时的神经反应模式"神同步"如此明显，研究人员甚至可以单凭任意两个人的大脑扫描就推测出他们关系的亲疏，即同步性越高，就越可能是好朋友。

足球或许更多反映出的是男人间的友谊，而朋友间神经反应模式的类似性是超越性别与年龄的。比如，女性朋友在观看综艺选秀类节目时，会有相似的感觉，而小朋友也会根据动画片《玩具总动员》的剧情而表现出类似的紧张或者开心。

如果看球的时候朋友并没有和你一起为一次绝妙的突破击节赞叹，那么也有两种可能，一是他其实是个隐藏很深的伪球迷，二是在刚才的那一刻他走神看手机了。

友谊引发的"化学反应"

英国社会心理学家罗宾·邓巴认为，朋友群规模和群体大小具有一定关联性，一个人至多会跟150人产生有意义的关系。150个朋友也被称作"邓巴数字"，而能进入这个数字范畴的人，则都与主体有明显的思维相似性。

在邓巴做研究的那个年代，社交网络尚未诞生，他希望找到一个办法衡量人们与朋友的互动关系。邓巴感兴趣的不仅仅是研究对象认识多少人，他还想知道每个人真正在乎多少人。他发现每年寄出圣诞卡是衡量情感纽带的有效方式。毕竟送卡片是种投资：你必须知道邮寄地址，去买卡，得写上几句，买邮票，然后寄出去——大多数人都不太愿意为无足轻重的人如此费心费力。

社交网络的兴起，为研究朋友之间相似性的关系提供了更便捷的渠道，但要区分"评论之交""点赞之交"还是更深层次的友谊，并不容易。因此研究人员还是从现实的社交圈子开始入手。

美国加州大学洛杉矶分校的认知学家卡洛琳·帕金森选取了达特茅斯商学院的279名学生为研究对象，观察他们观看视频时的神经反应，以相似度与他们间关系的密切程度做对比研究。

这些学生都相互认识，有些还住在同一个宿舍，他们被要求填写了调查问卷，内容包括与哪些同学交往，比如一起吃饭、看电影，或是邀请回家等。根据调查，研究人员绘制出了连接程度不同的社交网络：朋友、朋友的朋友、三度朋友等不同的疏密层次。

随后，学生们被邀请参与脑部扫描。在学生观看一系列有长有短的视频片段的同时，一台设备会追踪他们大脑的血液流动情况，这是神经活动的一种衡量方式。

通过对学生大脑扫描的分析，帕金森和同事们发现，血液流动的模式与不同参与者之间的友谊程度存在高度相关性。

帕金森的研究团队将他们的成果发表在《自然通讯》上，这项研究表明友谊不只是拥有共同的兴趣或是在社交媒体个人资料中勾选过多少相应的选项，而与友谊引发的"化学反应"有关，这种"化学反应"还能带来类似于"血浓于水"的效果。

相互影响，情感相通

研究人员甚至还精确定位出了人的大脑中能显示朋友间模式一致性的区域，下前脑负责奖励处理的伏隔核，以及位于大脑顶部和后部的顶上小叶，这个区域决定大脑如何分配对外部环境的注意力，也负责处理朋友们的"神同步"。

朋友之间的彼此相似不只停留在一起欢笑一起哭的表面，还存在于他们的大脑结构中。"我们的研究结果表明，朋友在如何关注和看待周围世界等方面是相似的，"帕金森说，"这种共同的处理方式会让人更容易成为朋友，拥有令人感到满足的、彼此契合的社会交往。"

朋友间兴趣不一致的时候，情绪会相互感染，进而实现同调。发表于英国《皇家学会开放科学期刊》中的一项研究指出，人们往往会在倾听朋友的倾诉时，培养自我觉察的能力，并适时消化整理自己的情绪，避免让他人变得不快乐。

这项研究由英国华威大学研究团队主持，研究对象是2194名青少年。研究人员对他们进行家访并让其填写表格，了解他们在校交友情况与情绪状态。

研究显示，一个人的情绪会受到身边人的情绪影响，所以应多结交积极乐观的朋友，在正面影响下大家的情绪状态会更好一些。

从这个角度看，即使你有一个伪球迷朋友，但多叫他一起看球，多告诉他比赛中表现出的团队精神和拼搏意志等"正能量"，那么，比赛看多了，也会将其潜移默化成真球迷，到时大家就能更加开心地一起看球了。（文/张燕）

嗨！好奇心

经常过安检对身体有危害吗

对于每天坐地铁的人来说，过安检似乎是一件挺麻烦的事儿。有人说，安检机有辐射，经常过安检对人体有危害，尤其是孕妇。那么，事实究竟如何呢？

安检机又叫安检X光机，主要用于对行李的安检。X光机就是根据对各种物质不同的穿透能力，从而识别行李中的物体。

因为安检机是通过X射线进行工作，所以有人担心自己的行李通过这些X射线后，会受到污染。其实，这完全是小题大做，因为安检机里的X光功率很小，被检测一次，接受到的辐射剂量小于5微希沃特，大概过100次安检，才能达到做一次胸透所接受的辐射剂量。

接下来再来说说安检门。安检门，又叫金属探测门，主要是探测乘客身上携带的金属利器。原理也很简单，就是利用电磁感应的原理。安检门两侧产生迅速变化的磁场，这些磁场对人体不产生作用，但金属例外，因为金属在迅速变化的磁场下会产生涡电流，而涡电流又会产生一个磁场，当安检门探测到这个新磁场时，就会自动发出鸣声或闪灯。

安检门产生的只是电磁场，并不产生电离辐射。而且这种电磁场很微弱，只有1微特斯拉左右，这个数据与国家《通过式金属探测门通用技术规范》中规定的30微特斯拉相比，相差几十倍。

所以，不论是安检机还是安检门，只要正确使用，是不会对我们身体产生不良影响的。（文/佚名）

秋裤是一场历史阴谋

作为夏天是匹狼，冬天冻成狗的吃瓜群众，对秋裤又爱又恨。虽然秋裤被视为时尚圈的一颗毒药，但对于没有抗寒体质的人群，秋裤真的是救命必备，老少咸宜。而且，穿不穿秋裤不只是父母与孩子之间的争论，还是一个国际问题。

16世纪的英国贵族中流行一种羊毛材质的马裤，为方便骑马作战，这种马裤被设计为紧身裹腿，搭上一双贵族专用的尖头鞋，真是谁穿谁时尚。只是小腿处有一块起保护作用的木板，穿起来很不舒服，然而，贵族们为了让自己更时尚，没人建议将这块木板去掉。

后来，亨利八世上台，立马将马裤去掉木板，于是秋裤的雏形出现了。亨利八世很喜爱的马裤，渐渐变成了现在所有女性都钟爱的打底裤。

在这一点上，亨利八世和所有女性达成了共识。

有一天，不知谁睡觉的时候忘记脱马裤，睡醒之后惊觉，原来穿着马裤睡觉竟然这么舒服。于是，马裤正式向秋裤转型，连功能都变了。

在18世纪，以秋裤当睡衣成了一种潮流，但是为了保暖，那时的秋裤都是连体的。

因为连体秋裤穿脱不方便，20世纪初，一位来自加拿大的设计师在一个凉凉的夜晚，拿剪刀剪开了他的连体睡衣，于是有了现在的秋裤，他顺便还发明了秋衣。后来，他还为这个设计申请了专利，他也顺道成了现代商业秋裤之父。

然而，真正让秋裤成为时尚的，是美国拳王约翰·L.沙利文，他也是拳击历史上最后一位不戴拳击手套的世界重量级冠军。因为对自己的身材十分自信，约翰每次上台之前都要穿着秋裤拍照。大家看了照片之后，觉得穿着秋裤的拳王实在太酷了，纷纷开始模仿他穿秋裤。

英格兰达比郡一家有225年历史的制衣公司，立即抓住这个商机，用拳王的外号"Long Johns"，命名了他们生产的秋裤，由此引领了当时的时尚风潮。大家觉得秋裤既美观，又能满足人们保暖防寒的需求。到二战时，秋裤已成了必不可少的装备，美军士兵更是人手一条。

关于秋裤是如何进入中国的，历史上有很多传说，最出名的莫过于"阴谋说"。

1953年，苏联遗传学家李森科向领导建议，让中国引进秋裤，他解释说一个国家如果穿了60年的秋裤，就会养成习惯，从而使其基因发生改变，双腿和关节的抗寒性越来越差，最终中国人将失去在苏联远东地区的生存能力。

这个李森科是一位臭名昭著的"人才"，学识浅薄，却荣居苏联科学院、列宁全苏科学院和乌克兰科学院的三科院士，并将苏联的分子生物学和遗传学引向了长期停滞的末路。他以为只要有了秋裤，中国就没有能力收回在《中苏友好同盟条约》中向苏联让出的外兴安岭、西伯利亚等。

然后，这个神奇的玩笑就被当真了，秋裤自此成了一场跨世纪的历史阴谋。

不过，中国人确实对秋裤爱得深沉。只可惜，曾经风靡一时的秋裤，现在被年轻人各种嫌弃。究其原因，主要是它太土，阻碍了人独特气质的发挥，而且显胖，不是每个人都能驾驭得了的。（文／有两夏子）

发发呆吧，那也是创造力

在外国人尤其是欧洲人的眼中，中国人最大的特点是勤奋，似乎从不停歇，他们很不理解中国人忙得脚不沾地的生活状态。而在我们看来，很多欧洲人确实懒惰，但咱们的勤奋是不是就更好呢？

中国人就连出门度假，也常把"忙忙叨叨"带到旅游胜地——出门前计划行程、订票、打包不说，还要办好手机漫游业务。进酒店第一件事就问Wi-Fi密码，一出门就带上充电宝直奔"网红"景点排长队打卡，修图半小时晒朋友圈……我尤其不明白去海边为什么要带充电宝，休假不是给人充电的吗？怎么变成给手机充电了？

而欧美人休假就是"躺晒"：在海边一躺，晒着太阳，喝瓶啤酒聊一会儿，看会儿书，玩玩冲浪、潜水，爬上来再继续躺晒，啥也不干泡一天……反观中国人，我们经常听到"这两个月我太忙了、太累了"的抱怨，另外，好多人又老是责怪自己："在家里躺了一天，啥都没干，真浪费时间。"

其实，许多同胞没有意识到一件事：发呆是有价值的。对劳碌的"飞行人士"来说，闲下来什么都不干，反而可以提高工作时的效率，尤其是创造力。

中国古代说"疲劳"，其实"疲"比"劳"更可怕。"劳"睡一觉就缓解了，"疲"则是心累，对什么事都提不起兴趣。回想自己的生活和工作，疲的时候，是否对什么都不感兴趣？胃口也没有，书也不想读，电影也不想看……用时下的"网红"词来形容，就是"丧"。

真疲了，人就应该发呆，放空一切。所以我们才有古老的传统安排，比如犹太教每七天休息一天。此外，犹太教中还有休耕安息的时间安排。这些都是通过宗教律法强制人休息，让人远离庸常，谨守圣洁，这既符合自然生活规律，也符合社会规律。

回过头想，咱们的清明、端午、春节放假，目的不也都是有所纪念、重温历史、吐故纳新吗？学校放寒暑假也是这个道理。

从更宏观的角度看，有些孩子短期内学习不好、瞎玩，或者一些成年人所谓的"不务正业"，也是一种发呆，是大发呆。

2013年，美国一位寂寂无闻的华裔数学家张益唐，发表了一篇里程碑式的素数研究论文，震动学界。他的经历就很有代表性。他读博期间没有找到工作，有十多年日子过得非常窘迫，一度去赛百味餐厅打工。尽管后来他获得了一所普通大学的讲师职位，但他个人仍然专注于研究素数间隔，这是一个高难度的纯脑力游戏。

某个夏季的一天，他在朋友家的后院，一边等着看山里的鹿，一边漫无目的地转悠，突然灵光乍现，探索很久的解答出现在他的眼前："我看见了数字、方程一类的东西，很难说清到底是什么。"而这之后不久，他就破解了困扰数学家几个世纪的谜题。

所以发呆是一种生产力，人只有休息好了，才能保持活力，才能对温饱之外的事情抱有兴趣，才能富有创造力。

而现在，手机剥夺了我们的发呆时间。手机里终归只有处理日常的小智慧，它永远不可能给你带来灵感，更多的只是短暂的麻木感。所以，我建议朋友们要有比手机更高一层的智慧，让自己的大智慧管小智慧。此所谓"放下手机，立地成佛"。

我们中国人也有高级的"发呆术"，比如气功、打坐、冥想……我个人也在努力练习，却难以达到那么高的境界，所以退而求其次，发呆就行了。

人呢，"感觉快乐就忙东忙西，感觉累了就放空自己"，所以我觉得对孩子们、对自己，都要宽松一点儿，能够发呆就是福气，要学会发呆，尤其是在出门旅行和度假之时。（文／李稻葵）

人睡觉时，每5分钟醒一次

研究显示，大约有40％的人一生中至少会经历一次"鬼压床"，说明这是个相当普遍的现象。超过一半的"鬼压床"是被噩梦惊醒的，好在这种感觉非常短暂，肌肉的瘫痪状态往往只维持几秒钟就会被解除，问题不大。但是，如果我们的祖先在野外睡觉时遇到危险，肌肉却不听使唤，那可就麻烦了。所以人类进化出了一种特殊的睡眠机制，每隔大约5分钟就会醒一次，每次最多几秒钟就会再次入睡。这样算下来，我们每天晚上都会醒100多次，不过这不是真的醒来，只能算是"微觉醒"，第二天早上醒来不会想起来，也不会对睡眠质量造成任何负面影响。（文／袁越）

弗林效应与智商降级

这些年，"网红"泛滥，这个词不仅指审美趋同的一张张美女脸，还有网红咖啡店、网红食物、网红打卡地。最近有个新闻，短视频软件带红了杭州的粉黛乱子草，阿姨辛辛苦苦种3年，3天就被赶来拍照的网红们踩得七倒八歪，彻底毁了。

这乌泱乌泱赶来举着相机的人，比蝗虫还吓人。人们喜欢管这种行为叫"无脑"，不管三七二十一，先赶一波热点再说。

比"网红"更可怕的，是背后这些"无脑"的追随者。这种从众的习惯带动了一个产业：水军；贡献了一个新词：带节奏。通常在一个事件下，大家都给排名第一的点赞，呈现各方观点的评论越来越少，除了粉圈对骂。

《乌合之众》早就说过，群体的智商会低于群体里每个人的正常智商，独立的声音稀有而宝贵。

微博网友"琢磨先生"总结说，这是智商降级，充斥着阴谋论、浅薄化和从众化。

20世纪80年代，《自然》杂志上发表过"弗林效应"，说人类的智商每年都在小幅增加。不过这个结论不断被打脸，比如挪威有个测试显示1975年之后出生的男性，分数平均每一代减少7分；法国对新兵的智力测试，10年下降了4分。

咱先不讨论这些研究的科学性，就看看自己，是不是越来越傻了？

恋爱降级是没有表白，淡定吵架，随时分手；文化降级是碎片式文字、表情包攻击、经典书籍阅读障碍。

计算机和搜索引擎代替了人自身的计算能力、记忆和联想。电视、网页和公众号填满时间的空白，人只被动地接收信息，懒得主动思考。

在地铁、餐馆和晚寝前的床上，手指一划就是一屏。写一篇文章的门槛史无前例地低，只要有东拼西凑的段子，加点"亲""宝宝"，再配几张表情包，就完成了一次"创作"。如果再调和点刺激性的语言和情绪，那分分钟产出一篇"10万+"的文章。

媒体没人再讨论开启民智，研究的都是用户下沉。

这个规律在电影界也适用。为啥烂片这么多？只要有流量明星坐镇，或是圈个大IP（知识产权）引流，再讲一些过时的笑话，看上去比春晚的过气段子集锦还让人尴尬，就差影院发个痒痒挠，不笑自己挠。

法国哲学家帕斯卡说，人是为了思考才被创造出来的。无意识即死亡。孔子也曾曰：学而不思则罔。有人说生活本身已是痛苦，我就追求点浅薄怎么了，成天思考，不累吗？

是啊，思考是很累，所以人喜欢纵容自己在轻松的诱惑里，丧失深刻。一遇到要动脑子的时候，就要赖、撒泼，顶着高铁不让关门，飞机延误扇地勤耳光。脑袋里没有行事逻辑，只有横冲直撞的情绪。

人在浅薄时，特别容易被声音最大的人吸引，更倾向从众。而如果带节奏的人相信阴谋论，那舆论的大旗就会倒向越来越歪的方向。

在学术上，阴谋论的定义是指，一种特定的相信某一个强大的团体或组织通过秘密计划和有意的隐蔽行动，引起并掩盖一个非法或有害行动产生的解释理论。它的一个特点是信念固执，无论如何去解释、辩论、给出证据，它都毫不动摇，甚至反而把这些反对意见当作自己的信念证明。

比如总有人认为美国阿波罗登月是假的，说宇航员插美国国旗时，国旗明显被风吹动，但月球上应无空气。又说登月照片中咋没有星星？

其实这些现象都能用科学来解释，提出疑问可以，这是学习的前提和动力，但偏执地相信"总有刁民想害朕"就有点傻了。

其实，当人们不理解一些事情的时候，就喜欢按照自己的逻辑来解释。原始人面对地震、山崩、洪水解释不了，就相信是被神灵所控。

这正好给人类提供一个思考契机，也是一次智商升级的邀约。在面对未知时，学习知识，勤于动脑，独立思考，我们才从猿慢慢变成人。（文/杨杰）

瀑布的水为啥是白色的

水中有溶解氧，这是维持水生生物生命的重要因素。通常我们在静止的水中看不到溶解氧，但是当水被搅动，或者以很高的速度移动时，被困在水中的空气就会产生气泡，这些微小的气泡使水看起来是白色的。瀑布的水之所以看起来是白色也是同样的原理。

此外，这也与光的反射有关。静止的水面就像一面镜子，射在水面的光会按照一个恒定的角度反射出去，但是如果水面被搅动，水中产生气泡时，那么就相当于这面镜子的镜面凹凸不平，光就会向四面八方反射，水看起来也就是白色的了。（文/阿希什）

学习曲线决定你的学习力

什么叫"学习曲线"？学习曲线是以时间为横轴、以能力为纵轴而形成的曲线图。我认为终身学习者的学习曲线是没有尽头的。

在任何一个不断变化的环境中，终身学习者只占1%。一个终身学习者可以秒杀任何一个领域的同侪。

学习的方法有很多种，但有些方法是错误的。如果我们要考试了，要在一个星期之内从完全不懂到能够考试，那么我们的学习曲线将会非常陡峭。我觉得这是错误的方法。

大多数认为自己不聪明的人都在用一种错误的方法学习。我经常遇到一些非常神奇的初学者，有人说："我看这本关于手机系统的书，看了三天还没有看完。"我想问的是，这本书是三天就该看完的吗？

我一直强调不要急，为什么？因为一着急你就会做错误的事情。比如，一开始你以为你是神，可以在一个星期内或三天内学会一个非常难的东西，而一旦做不到，你就会觉得你什么都做不了。我觉得正是这样的原因让大家以为自己不够厉害。

我经常和很多人说，刚进入一个项目的时候，学习曲线要平。比如我，要是一次就走三万步的话，大家很可能会在急诊室看到我。那我第一次的目标是怎么定的呢？我背了个包，带了很多补给，不知疲倦地走了很久。后来我算了一下，我走了六七千米。有一次，我为了见一个朋友，跨了条江，走了十五六千米。后来，我觉得我自己太厉害了，就一发而不可收。

会学习的人在开始时都是非常慢的，会给自己设定基准，给自己反馈的空间，并且永远不会把自己控制得太狠，让自己一下子崩溃。（文／郝培强）

一天中最适合学习的 4 个黄金时间段

什么时候学习效率最高？当然是大脑最清醒的时候。所以，我们一定要科学用脑，每天充分利用最佳时间进行学习。该休息的时候休息，劳逸结合，保证学习的效率。

那么，什么时候是大脑最清醒的时间？

生理学家研究发现，大脑在一天中有4个时间段最为清醒，这也是学习的高效期，如果安排得当，有助于更好地掌握、巩固知识。

清晨起床后：大脑经过一夜的休息，消除了前一天的疲劳，处于新的活动状态，非常清醒。此时，无论认字还是记忆，印象都会很深刻。

我们趁这个时候学习一些较难记忆但必须记忆的知识较为合适，如英语单词、数学公式、语文词句等。有时即使记不住，大声念上几遍，也会有助于记忆。所以，清晨是最佳的学习记忆时间。

上午8：00—10：00：人的精力充沛，大脑容易兴奋，思考能力状态最佳。此刻是攻克难题的大好时机，应充分利用。

下午6：00—8：00：这也是用脑的最佳时刻。不少人利用这段时间来复习，加深印象，归纳整理，同时也是整理笔记的黄金时机。

入睡前1小时：利用这段时间来加深印象，特别对一些难于记忆的东西加以复习，则不容易忘记。当然，这是人类的一般性学习时间规律，对于不同的人来说，可能还有独特的学习时间规律和习惯。（文／佚名）

如何练就"超级大脑"

人人都会变老，即使是漫威英雄里的超人，"当太阳衰变成红巨星后"也会慢慢衰老。上了年纪的超人是否也会和普通老人一样——行动迟缓、健忘、专注力减弱呢？这个问题我们无法验证，但现实生活中真的存在"超级老人"。

"超级老人"指的是，记忆力和专注力远超同龄人，甚至思维活力可以媲美25岁年轻人的65岁以上老年人。

哈佛大学医学院附属麻省总医院的丽莎·费尔德曼·巴雷特博士做了相关研究。她召集了1000名志愿者，筛选出两组实验对象。一组是40位60～85岁的老年人，另一组是41位18～35岁的年轻人。其中第一组中包含17位超级老人，丽莎的公公就是其中之一。现年83岁的他退休前是一名医术精湛的医生，不但身体健康，精神矍铄，而且仍然致力于著书，还负责运营着几家医疗网站。

通过对这些人的大脑进行功能性核磁共振扫描，丽莎发现：相比同龄人，超级老人的大脑中的某些关键区域神经缠结较少，特别是皮质层的厚度，与25岁的青年几乎相同，完全没有出现年龄性相关萎缩。这些中枢区域正是决定超级老人"超能力"大小的关键。皮质层越厚，受测者的记忆力和专注力越强。"同样是背诵一份报告，20分钟后复述，那些皮质层厚的超级老人明显更加流畅，记住的也多。"丽莎说。

皮质厚的原因是它们拥有更厚的神经元表层，能抵御时间对脑白质和脑灰质的侵蚀。脑白质处于外层，人类的注意力和记忆力都依赖于它。脑灰质则是构成中枢神经系统的重要组成部分，它广泛分布于大脑皮质、脑干和脊髓，主要控制学习能力、身体控制力和五感等。那么最重要的问题来了，如何才能增加大脑皮质的厚度？

丽莎的回答是："剧烈的有氧运动，或者费力的脑力活动。"据实验观察，普通的低强度的运动如散步、慢跑等，虽然确实会增加大脑的血流量，但无法让我们大脑的关键区域动起来。"要比适量更努力一点儿，无论是体力运动还是脑力运动。"只有当人们在努力完成困难的任务时，大脑中的那些关键区域才会被点亮，增强细胞活性，刺激分泌脑源性神经营养因子，这是一种化学物质，能够促进大脑细胞的生长和增殖，进而维持脑皮质的厚度。

坏消息是，这些大脑的关键区域在被点亮后，会分泌几种信息素，令你感到沮丧、疲惫、为难。"感觉非常糟糕，"丽莎说，"换个角度看，你可以借此检验是否让大脑的关键区域得到了锻炼。就像海军陆战队员常说的'疼痛是虚弱离开身体的表现'。"

深度阅读也能帮助你达到相似的锻炼结果，科研人员发现，受测者深入持续阅读长达数百页书籍，一直追随作者的思路、人物或情节，代入情感。这种深度阅读所付出的智力、努力让大脑的核心区域一直保持活跃。

体力运动的选择也有很多，如游泳、攀岩、球类等，无论做什么，都不要回避这些活动带来的不快，努力到自己有些厌倦的程度，那么你离成为"超级大脑"就更近了一步。（文/马云烨）